高等学校公共基础课"十二五"规划教材

国家职业技能鉴定考试培训用书

计算机文化基础实训指导

(Windows 7 + Office 2010)

孙　斌　主编

陕西开放软件技术研究所
　　　　　　　　　　　　组编
西安开放软件职业技能鉴定站

U0248510

西安电子科技大学出版社

内 容 简 介

本书是《计算机文化基础（Windows 7+Office 2010）》的配套实训教材。本书参照国家人力资源与社会保障部"计算机操作员"，以及国家工业和信息化部"计算机系统操作员"国家职业标准编制，着眼于加强学生的计算机基本技能和应用能力的培养。本书共安排了 44 个实训项目，内容包括计算机基础知识(5 个)、Windows 7 操作系统及应用(6 个)、Word 2010 文字处理(9 个)、Excel 2010 表格处理(6 个)、PowerPoint 2010 演示文稿(4 个)、计算机多媒体基础(3 个)、计算机网络基础(3 个)、Internet 的应用(4 个)和常用工具软件(4 个)，每一个实训项目都设有"实训目的"、"实训内容"、"实训要求"、"实训步骤"、"自主评价"和"教师评价"等组成部分。

本书目的性和可操作性强，可作为高等院校本科各专业的实训教材，也可作为高职高专各专业的计算机类实训教材，还可作为"计算机操作员"、"计算机系统操作员"国家职业技能鉴定考试的培训用书。

本书配有电子教案和实训中的部分素材，需要者可与出版社联系，免费赠送。

图书在版编目 (CIP) 数据

计算机文化基础实训指导：Windows 7 + Office 2010/孙斌主编.

—西安：西安电子科技大学出版社，2014.8

高等学校公共基础课"十二五"规划教材

ISBN 978–7–5606–3467–8

Ⅰ. ① 计… Ⅱ. ① 孙… Ⅲ. ① Windows 操作系统—高等学校—教材 ② 办公自动化—应用软件—高等学校—教材 Ⅳ. ① TP316.7 ② TP317.1

中国版本图书馆 CIP 数据核字(2014)第 175364 号

策　　划　毛红兵

责任编辑　王　瑛　毛红兵

出版发行　西安电子科技大学出版社(西安市太白南路 2 号)

电　　话　(029)88242885　88201467　　邮　　编　710071

网　　址　www.xduph.com　　　　　电子邮箱　xdupfxb001@163.com

经　　销　新华书店

印刷单位　陕西华沐印刷科技有限责任公司

版　　次　2014 年 8 月第 1 版　　2014 年 8 月第 1 次印刷

开　　本　787 毫米×1092 毫米　1/16　印　张　10.5

字　　数　240 千字

印　　数　1～3000 册

定　　价　18.00 元

ISBN 978–7–5606–3467–8/TP

XDUP 3759001–1

如有印装问题可调换

序

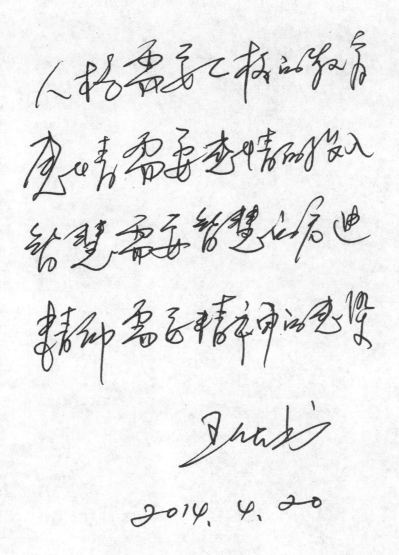

人格要高，境界的教育

更要境界，要情的投入

智慧要要，智慧的启迪

精神要要，精神的建设

王佐书

2014. 4. 20

王佐书，全国人大常委会委员、全国人大教科文卫委员会副主任委员，民进中央副主席，中国民办教育协会会长。曾任哈尔滨师范大学校长、黑龙江省人民政府副省长等职。

教材编审委员会

前　言

随着人类步入信息化时代，计算机以各种形式出现在人们生产和生活的各个领域，并成为人们在经济活动、社会交往和日常生活中不可缺少的工具。掌握计算机基本技能以及使用计算机解决实际问题的能力，成为当代大学生必备的文化素质之一。本着对学生认真负责，培养出一批适应当代社会新形势人才的目的，编者编著了本书。

本书是《计算机文化基础(Windows 7 + Office 2010)》的配套实训教材，是参照教育部制定的《大学计算机教学基本要求》编写的，以"理论够用、突出实践、项目实训"为指导思想，力求真正体现该课程的实践性特点。

计算机文化基础是一门实践性较强、理论知识点较多的基础课程，教学分为课堂教学和实验教学两个方面，而实验教学的主要任务是培养学生使用计算机的基本技能。同时，为了和现代社会所需要的创新型、实用型人才的培养要求接轨，本书在编写过程中还参照了国家人力资源与社会保障部"计算机操作员"，以及国家工业和信息化部"计算机系统操作员"技能鉴定职业标准。本书精心设计了 9 章 44 个实训项目，涵盖了计算机基础知识、Windows 7 操作系统及应用、Word 2010 文字处理、Excel 2010 表格处理、PowerPoint 2010 演示文稿、计算机多媒体基础、计算机网络基础、Internet 的应用、常用工具软件等内容。本书完全按照实验报告的结构进行设计，所有实训项目均包括"实训目的"、"实训内容"、"实训要求"、"实训步骤"、"自主评价"和"教师评价"等组成部分，学生每完成一个实训项目，都能学到实用的技巧和知识。

本书的基本结构如下：

章　节	实训数目
第 1 章　计算机基础知识	5
第 2 章　Windows 7 操作系统及应用	6
第 3 章　Word 2010 文字处理	9
第 4 章　Excel 2010 表格处理	6
第 5 章　PowerPoint 2010 演示文稿	4
第 6 章　计算机多媒体基础	3
第 7 章　计算机网络基础	3
第 8 章　Internet 的应用	4
第 9 章　常用工具软件	4

本书选材适当、实例生动，并有适量的图解及详细的操作步骤，所有的实训项目全部来自一线教师的实验教学，具有易学、易懂、易操作等特点。另外，编写本书的各位教师都具有多年从事大学计算机基础教学的工作经验，对现代大学生的计算机实验能力非常了解。

由于计算机技术发展迅速，加上编者水平有限，书中如有不妥之处，请广大读者朋友发送电子邮件至 oect@outlook.com，或者通过关注"开放鉴定"微信公众平台给我们留言，以便我们进行后续的修订和补充。

编　者

2014 年 6 月

目 录

第 1 章　计算机基础知识

实训一　启动与关闭计算机

【实训目的】

(1) 熟悉机房环境。

(2) 了解计算机的外部组成。

(3) 掌握开、关机的正确方法。

【实训内容】

进行正确的开机、关机训练。

【实训要求】

(1) 冷启动计算机一次。

(2) 热启动计算机一次。

(3) 关闭计算机。

【实训步骤】

(1) 进入机房，熟悉机房环境，然后对号入座，查看主电源开关的位置。

(2) 观察主机、显示器、键盘和鼠标之间的连接情况，了解计算机的外部组成。

(3) 打开显示器开关，检查显示器电源指示灯是否已亮。若电源指示灯已亮，则表示显示器已经通电；否则，打开主电源开关。

(4) 按下主机电源开关，给主机加电。

(5) 等待数秒后，即可出现 Windows 7 桌面，表示启动成功。注意，如果是网络化机房，启动后会出现登录界面，此时根据机房管理员或老师的要求输入账号及密码，并确认即可。

 小贴士

　　开机的过程即是给计算机加电的过程。一般情况下，计算机硬件设备中需加电的设备有显示器和主机。由于电器设备在通电的瞬间会产生电磁干扰，这对相邻的正在运行的电器设备会产生副作用，因此开机顺序是：先开显示器开关，后开主机电源开关。

(6) 启动计算机以后，在带电的情况下再重新启动，称为热启动。在桌面上单击【开始】按钮，在打开的【开始】菜单中将鼠标指向【关机】右侧的三角形箭头，在弹出的菜单中选择【重新启动】命令(见图 1-1)。

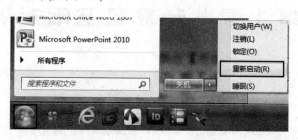

图 1-1　执行【重新启动】命令

如果计算机处于死机状态，键盘、鼠标都无法操作时，可以按下主机上的 Reset 按钮，这时计算机将会重新启动。

(7) 待计算机重启以后，再练习关机操作。

(8) 关机前要关闭所有应用程序，然后在桌面上单击【开始】按钮，在打开的【开始】菜单中单击【关机】按钮。

(9) 系统自动关闭后，再关闭显示器开关。

(10) 切断主电源开关。

【自主评价】

(1) 通过这个实训学会的技能：_____

_____

(2) 在这个实训中遇到的问题：_____

_____

(3) 我对这个实训的一些想法：_____

_____

【教师评价】

评　语	成　绩

实训二　熟悉键盘与鼠标

【实训目的】

(1) 认识键盘分区及键盘上的各个键位。

(2) 练习鼠标的操作及使用方法。

(3) 掌握正确的操作姿势及指法。

(4) 掌握英文大小写、数字、标点的输入方法。

【实训内容】

熟悉键盘与鼠标的基本操作。

【实训要求】

(1) 输入英文小写字母：

a b c d e f g h i j k l m n o p q r s t u v w x y z

(2) 输入英文大写字母：

A B C D E F G H I J K L M N O P Q R S T U V W X Y Z

(3) 输入大、小写组合字母：

the People's Republic of China Beijing

(4) 输入数字和符号：

0 1 2 3 4 5 6 7 8 9 ! # % & (@ $ ^ / *) ? — = _ + { } ; ' , < > : " ~ \

(5) 输入英文句子：

The mineral oil in the prude is petroleum, very often there is gas with it, and both are under pressure. The oil cannot escape because rock or clay holds it down; but it rises high into the air above the ground.

【实训步骤】

(1) 启动计算机。

(2) 在桌面上单击【开始】按钮，在打开的【开始】菜单中单击【所有程序】选项，展开下一级子菜单；然后单击【附件】选项，在展开的子菜单中单击【记事本】选项，打开【记事本】窗口。

(3) 按照字母顺序逐一按下键盘上的每个字母键，输入小写英文字母。注意，每按下一个字母键之后，敲击一次空格键。

(4) 按下键盘上的 Caps Lock 键，Caps Lock 指示灯亮起；然后再按照字母顺序逐一按下键盘上的每个字母键，输入大写英文字母。

(5) 再次按下 Caps Lock 键，关闭 Caps Lock 指示灯；然后输入"the People's Republic of China Beijing"。注意，这时输入大写字母需要按住 Shift 键。

(6) 依次按下每一个数字键，输入数字；然后按住 Shift 键的同时按下每一个数字键，输入符号。采用前述方法，体会标点符号的输入。

(7) 熟悉了键盘以后，输入"实训要求(5)"中的英文句子。

(8) 关闭【记事本】窗口，不用保存。

【自主评价】

(1) 通过这个实训学会的技能：＿＿＿＿＿＿＿＿＿＿＿＿＿＿＿＿＿＿＿＿＿＿＿＿＿＿＿

＿＿＿

(2) 在这个实训中遇到的问题：＿＿＿＿＿＿＿＿＿＿＿＿＿＿＿＿＿＿＿＿＿＿＿＿＿＿＿

＿＿＿

(3) 我对这个实训的一些想法：＿＿＿＿＿＿＿＿＿＿＿＿＿＿＿＿＿＿＿＿＿＿＿＿＿＿＿

＿＿＿

【教师评价】

评　　语	成　绩

实训三　利用金山打字通练习指法

【实训目的】

(1) 通过练习培养正确的打字姿势与指法。

(2) 进一步熟悉各个键的位置。

【实训内容】

(1) 用金山打字软件练习"英文打字"。

(2) 用金山打字软件练习"拼音打字"。

(3) 用金山打字软件进行"速度测试"。

【实训要求】

(1) 不要求学生的输入速度，首先确保指法正确，反复练习。

(2) 逐步熟悉各个键的位置，慢慢提高输入速度。

(3) 本实训可以在每次上机课时训练 10 分钟。

【实训步骤】

(1) 打开金山打字通软件，其主界面如图 1-2 所示。如果计算机上没有安装该软件，可自行下载并安装。

图 1-2　金山打字通主界面

(2) 主界面中有四个大按钮，单击【英文打字】按钮，则进入到下一级界面，如图 1-3 所示。这里要求必须从第一关"单词练习"开始，通过第一关后，后面两项训练才可以使用。

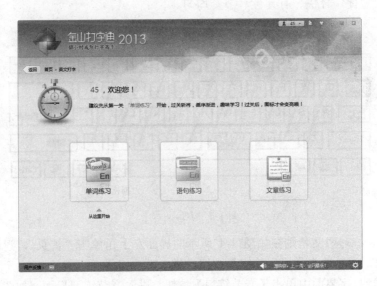

图 1-3　英文打字界面

(3) 在如图 1-3 所示的界面中单击【单词练习】按钮，进入单词练习界面，如图 1-4 所示。单词练习界面的上方是随机给出的英文单词；中间是键盘图形，以不同的颜色提示用户按哪一个键,当输入错误时,输错的字母会以红色显示;界面的下方还有时间、速度、正确率的提示。

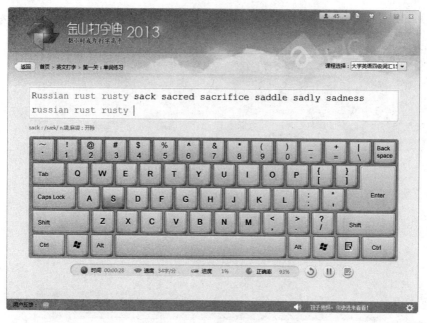

图 1-4　单词练习界面

输入英文单词时要注重指法的正确性。首先,十指要分工明确。双手各指严格按照明确的分工轻放在键盘上,大拇指自然弯曲放于空格键处,用大拇指击空格键。双手十指的分工情况如图 1-5 所示。其次,手指稍弯曲拱起,指尖后的第一关节微成弧形,轻放键位中央,击键要短促、轻快、有弹性、节奏均匀。

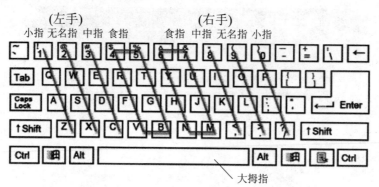

图 1-5　十指的分工

(4) 如果要练习中文,则在如图 1-4 所示的界面左上角单击"首页",返回到如图 1-2 所示的主界面,然后单击【拼音打字】按钮,进入下一级界面。

(5) 在拼音打字界面中单击【音节练习】按钮,进入音节练习界面,如图 1-6 所示,采用前述方法进行指法训练。

(6) 如果要进行测试训练,则可以在如图 1-2 所示的主界面中单击右下方的【打字测试】按钮。另外,主界面中还有【打字教程】和【打字游戏】,用户也可以进行阅读或娱乐。

图 1-6　音节练习界面

【自主评价】

  (1) 通过这个实训学会的技能：_____

_____

  (2) 在这个实训中遇到的问题：_____

_____

  (3) 我对这个实训的一些想法：_____

_____

【教师评价】

评　语	成　绩

实训四　对计算机进行杀毒

【实训目的】

  (1) 了解计算机病毒与防范方法。

(2) 了解一些常用的杀毒软件。

(3) 学会对计算机进行杀毒操作。

【实训内容】

对计算机进行杀毒操作。

【实训要求】

(1) 用金山毒霸进行全盘杀毒。

(2) 用金山毒霸进行快速杀毒。

(3) 用金山毒霸进行自定义杀毒。

【实训步骤】

(1) 启动金山毒霸软件，主界面中有三个大图标按钮(见图 1-7)，用于执行常规的杀毒操作。

图 1-7　金山毒霸主界面

小贴士

　　常用的杀毒软件有很多，如金山毒霸、瑞星、360 杀毒、卡巴斯基等，进行本实训时，可以根据机房计算机中安装的杀毒软件进行操作，其操作方式基本相同。另外，如果计算机可以接入 Internet，也可以从网络上下载免费的杀毒软件。

(2) 单击【全盘扫描】按钮，进入病毒查杀界面。病毒查杀界面的上方显示扫描进度，下方显示扫描信息，其中包括扫描类型、扫描数量、扫描状态三项(见图 1-8)。

(3) 如果要查看扫描结果，则可以切换到【扫描结果】选项卡，在这里可以看到查到的病毒信息，包括文件、病毒名、类型、处理方式等(见图 1-9)。

图 1-8 全盘扫描进程中

图 1-9 扫描结果

(4) 如果中途要停止查杀病毒，则可以单击【终止扫描】按钮，这时将结束扫描操作；否则只需要耐心等待其自动结束即可。

(5) 完成全盘扫描以后，将显示查到的病毒数目、扫描所用的总时间、扫描速率等信息，此时单击【立即处理】按钮，可以对查到的病毒进行处理(见图 1-10)。

(6) 处理完病毒后，会出现如图 1-11 所示的页面，此时单击【返回】按钮即可。

图 1-10　处理查到的病毒

图 1-11　处理完成页面

(7) 如果要对计算机进行快速杀毒，则在启动金山毒霸软件后单击【快速扫描】按钮，这时只对计算机的系统区域进行扫描，以便查杀潜在的病毒。

小贴士

　　全盘扫描的优势在于杀毒彻底，但是需要的时间较长；快速扫描只对系统区域进行扫描。在计算机中第一次安装了杀毒软件以后，最好进行一次全盘扫描。另外，如果只需要对某一个分区进行杀毒，可以使用自定义扫描。

以 U 盘杀毒为例，进行自定义杀毒操作。

① 插入 U 盘并启动金山毒霸软件，在主界面中单击【自定义扫描】按钮。

② 在弹出的对话框中指定扫描路径，这里选择 L 盘(即 U 盘)，然后单击【确定】按钮(见图 1-12)。

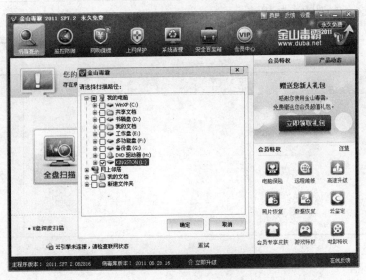

图 1-12　指定扫描路径

③ 指定扫描路径以后，金山毒霸软件开始对指定的路径进行扫描。此过程与全盘扫描完全一致，上方显示扫描进度，下方显示扫描信息。

④ 扫描完成以后，将提示扫描结果。如果查到病毒，则参照全盘扫描进行处理即可；如果没有病毒，将出现如图 1-13 所示的页面，此时单击【返回】按钮即可。

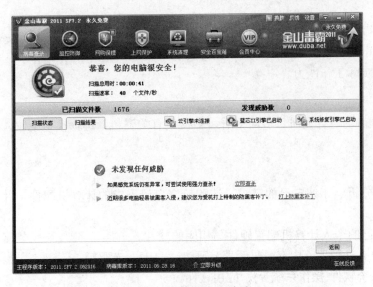

图 1-13　扫描结果页面

【自主评价】

(1) 通过这个实训学会的技能：_____

(2) 在这个实训中遇到的问题：_____

_____

(3) 我对这个实训的一些想法：_____

_____

【教师评价】

评　语	成　绩

实训五　配置一台个人计算机

【实训目的】

(1) 了解微型计算机硬件系统的组成及其常用的外部设备。

(2) 了解市场行情，进一步掌握个人计算机的各种配置。

(3) 训练实际工作能力。

【实训内容】

去计算机市场进行调研，多问多看，多搜集有关资料，进行模拟配置，为今后实际配置打下基础。

【实训要求】

(1) 需求分析。了解自己的需求，选购符合自己需求的计算机配件，并考虑将来的扩充性与价格。

(2) 为自己的个人计算机配置硬件与相应的软件。

硬件：中央处理器、内存、显示器、硬盘、显卡、光驱等。

软件：系统软件(操作系统等)、应用软件。

(3) 书写个人计算机配置报告单。

【实训步骤】

首先填写计算机需求分析；然后在市场内找寻相关硬件；其次了解硬件的技术指标与参数；最后填写如表 1-1 所示的报告单。

表 1-1　个人计算机配置报告单

姓名		学号		班级		调研日期	
需求分析							
硬件	名称	型号、规格			价格		性价比
	中央处理器						
	内存						
	显示器						
	硬盘						
	显卡						
	光驱						
	⋮						
软件	系统软件						
	应用软件						
总体评价							

【自主评价】

(1) 通过这个实训学会的技能：＿＿＿＿＿＿＿＿＿＿＿＿＿＿＿＿＿＿＿

＿＿＿＿＿＿＿＿＿＿＿＿＿＿＿＿＿＿＿＿＿＿＿＿＿＿＿＿＿＿＿＿＿

(2) 在这个实训中遇到的问题：＿＿＿＿＿＿＿＿＿＿＿＿＿＿＿＿＿＿＿

＿＿＿＿＿＿＿＿＿＿＿＿＿＿＿＿＿＿＿＿＿＿＿＿＿＿＿＿＿＿＿＿＿

(3) 我对这个实训的一些想法：＿＿＿＿＿＿＿＿＿＿＿＿＿＿＿＿＿＿＿

＿＿＿＿＿＿＿＿＿＿＿＿＿＿＿＿＿＿＿＿＿＿＿＿＿＿＿＿＿＿＿＿＿

【教师评价】

评　语	成　绩

第 2 章　Windows 7 操作系统及应用

实训一　Windows 7 的基本操作

【实训目的】

　　(1) 熟悉 Windows 7 的工作桌面。
　　(2) 掌握 Windows 7 的桌面元素的操作。
　　(3) 掌握窗口的基本操作。

【实训内容】

　　(1) 对桌面元素进行各种设置。
　　(2) 对任务栏进行各种设置。
　　(3) 对窗口进行各种操作。

【实训要求】

　　(1) 对桌面元素进行各种设置。
　　① 改变桌面图标的大小。
　　② 改变桌面图标的位置，然后以不同的方式排列图标。
　　③ 创建一个快捷方式图标。
　　(2) 对任务栏进行各种设置。
　　① 改变任务栏的宽度。
　　② 改变任务栏的位置。
　　③ 隐藏任务栏。
　　(3) 对窗口进行各种操作。
　　① 打开、最小化、最大化/还原、关闭窗口。
　　② 改变窗口的大小。
　　③ 对多个窗口进行移动、切换、排列操作。

【实训步骤】

　　(1) 启动计算机，进入 Windows 7 桌面，观察桌面元素。
　　(2) 在桌面的空白处单击鼠标右键，在弹出的快捷菜单中选择【查看】/【大图标】命令，观察桌面元素的变化情况。

（3）重复前述操作，在快捷菜单中选择【查看】/【中等图标】命令，再次观察桌面元素的变化情况。

（4）继续重复前述操作，在快捷菜单中选择【查看】/【小图标】命令，观察桌面元素的变化情况。

（5）在桌面的空白处单击鼠标右键，在弹出的快捷菜单中选择【查看】/【自动排列图标】命令，取消该命令前面的"对勾"符号。

（6）将光标指向任意一个桌面图标，拖动鼠标即可改变图标在桌面上的位置。

（7）再次单击鼠标右键，在快捷菜单中选择【查看】/【自动排列图标】命令，这时图标又整齐如初地排列起来。

（8）在桌面的空白处单击鼠标右键，在弹出的快捷菜单中选择【排序方式】命令；然后在子菜单中分别选择【名称】、【大小】、【项目类型】和【修改日期】命令，观察图标的排列情况。

（9）在桌面的空白处单击鼠标右键，在弹出的快捷菜单中选择【新建】/【快捷方式】命令，在弹出的【创建快捷方式】对话框中单击【浏览】按钮，指定一个目标文件；然后通过单击【下一步】按钮即可完成快捷方式的创建(见图 2-1)，这时桌面上将出现一个快捷方式图标。

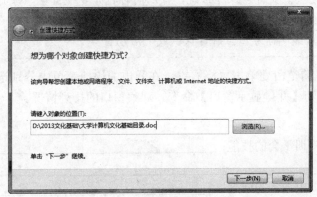

图 2-1　【创建快捷方式】对话框

（10）在任务栏的空白处单击鼠标右键，在弹出的快捷菜单中选择【锁定任务栏】命令，取消锁定状态。

（11）将光标指向任务栏的上方，当光标变为 ↕ 形状时，向上拖动鼠标，可以拉高任务栏。如果任务栏过高，可以压低任务栏。

（12）将光标指向任务栏的空白处，按住鼠标左键将其向窗口右侧拖动；当看到出现一个虚框时，释放鼠标，任务栏被调整到桌面的右侧。用同样的方法，可以将任务栏调整到桌面的其他位置。

（13）在任务栏的空白处单击鼠标右键，在弹出的快捷菜单中选择【属性】命令，打开【任务栏和「开始」菜单属性】对话框，选择【自动隐藏任务栏】选项；然后单击【确定】按钮，任务栏隐藏，当光标滑向任务栏的位置时，任务栏才出现。

（14）在桌面上双击"计算机"图标，打开【计算机】窗口，分别单击右上角的【最小化】按钮 ▭、【最大化】按钮 ▭、【还原】按钮 ▭，观察窗口的变化情况。

(15) 单击右上角的【关闭】按钮 ，再重新打开【计算机】窗口。

(16) 将光标移到窗口边框上或者右下角处，当光标变成双向箭头时，按住鼠标左键并拖动鼠标，观察窗口大小的变化情况。

小贴士

> 当窗口处于最大化或最小化状态时，既不能移动它的位置，也不能改变它的大小。

(17) 将光标指向窗口地址栏上方的空白处，按住鼠标左键并拖动鼠标，观察窗口的变化情况。

(18) 在桌面上双击"回收站"图标，打开【回收站】窗口。

(19) 在任务栏中可以看到【计算机】和【回收站】两个长按钮，分别单击这两个按钮，观察窗口的变化情况。

小贴士

> Windows 7 是一个多窗口操作系统，可以同时打开多个窗口，每打开一个窗口，任务栏上都将产生一个按钮。但无论打开了多少个窗口，都只能对一个窗口进行操作，这个被操作的窗口称为"当前窗口"或"活动窗口"。

(20) 在任务栏的空白处单击鼠标右键，在弹出的快捷菜单中分别选择【层叠窗口】、【堆叠显示窗口】和【并排显示窗口】命令，观察窗口的排列情况。

【自主评价】

(1) 通过这个实训学会的技能：_____

_____

(2) 在这个实训中遇到的问题：_____

_____

(3) 我对这个实训的一些想法：_____

_____

【教师评价】

评　语	成　绩

实训二　管理文件与文件夹

【实训目的】

(1) 熟练掌握 Windows 7 的文件与文件夹管理方法。

(2) 掌握 Windows 7 中【计算机】窗口的使用方法。

【实训内容】

对文件与文件夹进行创建、移动、复制、删除等管理操作。

【实训要求】

(1) 在桌面上建立一个名称为"计算机 1"的文件夹；然后将"计算机 1"文件夹复制 2 个，分别命名为"计算机 2"和"计算机 3"，并将"计算机 2"文件夹移动到"计算机 1"文件夹中，将"计算机 3"文件夹复制到"计算机 1"文件夹中；最后将桌面上的"计算机 3"文件夹删除。

(2) 在 D 盘上建立一个名称为"资料"的文件夹；然后在"写字板"中输入"计算机考试"字样，将文件以"练习"为名称保存到刚才创建的"资料"文件夹中；最后删除"资料"文件夹。

(3) 打开【回收站】窗口，还原"资料"文件夹；然后清空回收站。

(4) 打开 C 盘，改变文件与文件夹的视图方式。

【实训步骤】

(1) 启动 Windows 7 操作系统。

(2) 在桌面的空白处单击鼠标右键，在弹出的快捷菜单中选择【新建】/【文件夹】命令，桌面上出现"新建文件夹"图标。

(3) 文件夹名称处于激活状态，输入"计算机 1"并按回车键，这时桌面上新建了一个名称为"计算机 1"的文件夹。

(4) 将光标指向"计算机 1"文件夹并单击鼠标选中该文件夹，按 Ctrl + C 键进行复制；然后再按 Ctrl + V 键进行粘贴，这时桌面上出现了一个"计算机 1 副本"文件夹。

(5) 选中"计算机 1 副本"文件夹，并单击该文件夹的名称，则文件夹名称被激活，重新输入"计算机 2"并按回车键。

(6) 按住 Ctrl 键的同时使用鼠标拖动"计算机 2"文件夹，这样可以快速复制出一个文件夹；然后采用同样的方法将其重新命名为"计算机 3"文件夹。

(7) 将光标指向"计算机 2"文件夹，按下鼠标左键并拖动鼠标，将"计算机 2"文件夹拖动到"计算机 1"文件夹上释放鼠标，则"计算机 2"文件夹移动到了"计算机 1"文件夹中。

(8) 选中"计算机 3"文件夹，按 Ctrl + C 键进行复制；然后双击"计算机 1"文件夹，打开该文件夹的窗口，再按 Ctrl + V 键进行粘贴，则"计算机 3"文件夹复制到了"计算机 1"文件夹中。

(9) 关闭"计算机 1"文件夹窗口，选择桌面上的"计算机 3"文件夹，按 Delete 键将其删除。

(10) 在桌面上双击"计算机"图标，打开【计算机】窗口，在窗口左侧的列表区中选择 D 盘。

(11) 在【计算机】窗口的菜单栏中单击【文件】/【新建】/【文件夹】命令，创建一个文件夹。

(12) 参照前述操作，将文件夹命名为"资料"。

(13) 在桌面上单击【开始】按钮，然后依次单击【所有程序】/【附件】/【写字板】命令，打开【写字板】窗口。

(14) 在【写字板】窗口中输入"计算机考试"等信息，也可以随意输入一些内容(见图 2-2)。

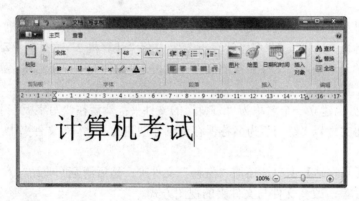

图 2-2　输入的文字

(15) 单击【写字板】按钮，打开一个菜单，选择其中的【保存】命令，打开【保存为】对话框；在左侧的列表区中选择"资料"文件夹，在【文件名】中输入"练习"(见图 2-3)。

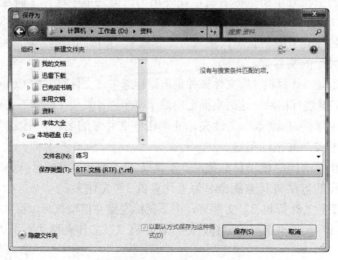

图 2-3　【保存为】对话框

(16) 单击【保存】按钮，即可将文件保存到指定的文件夹中。

(17) 在【计算机】窗口中选择 D 盘下的"资料"文件夹，按 Delete 键将其删除，这时连同文件夹中的"练习"文件也一并删除了。

(18) 在桌面上双击"回收站"图标，打开【回收站】窗口，在这里可以看到前面删除的两个文件夹。

(19) 在【回收站】窗口中选择"资料"文件夹，单击菜单栏下方的【还原此项目】按钮(见图 2-4)，这时"资料"文件夹还原到 D 盘的位置。也可以单击菜单栏中的【文件】/【还原】命令，还原文件夹。

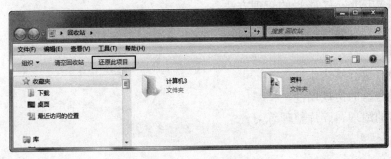

图 2-4 还原文件夹

(20) 在【回收站】窗口中单击菜单栏下方的【清空回收站】按钮，或者单击菜单栏中的【文件】/【清空回收站】命令，彻底删除文件。

(21) 重新打开【计算机】窗口，在窗口左侧的列表区中选择 C 盘；单击【查看】菜单，在打开的菜单中分别选择【超大图标】、【大图标】、【中等图标】、【小图标】、【列表】、【详细信息】、【平铺】和【内容】命令，观察文件与文件夹图标的变化情况。

【自主评价】

(1) 通过这个实训学会的技能：_____

_____

(2) 在这个实训中遇到的问题：_____

_____

(3) 我对这个实训的一些想法：_____

_____

【教师评价】

评　语	成　绩

实训三　管 理 磁 盘

【实训目的】

(1) 掌握 Windows 7 磁盘的管理方法。

(2) 熟练掌握磁盘管理工具的使用。

【实训内容】

(1) 对磁盘进行格式化。

(2) 查看磁盘的常规属性。

(3) 磁盘的清理、碎片整理练习。

【实训要求】

(1) 使用自己的 U 盘进行格式化练习。

(2) 查看 C 盘的常规属性。

① 写出磁盘大小、已用空间、剩余空间、文件系统类型。

② 将 C 盘重新命名为"系统盘"。

(3) 对 E 盘进行基本的维护操作。

① 对 E 盘进行查错处理。

② 清理 E 盘的多余文件。

③ 对 E 盘进行碎片整理。

【实训步骤】

(1) 将 U 盘插入计算机的 USB 接口中。

(2) 在桌面上双击"计算机"图标，打开【计算机】窗口。

(3) 在【计算机】窗口左侧的列表区中选择 U 盘，单击鼠标右键，在弹出的快捷菜单中选择【格式化】命令(或者单击菜单栏中的【文件】/【格式化】命令)。

(4) 在弹出的【格式化】对话框中设置相关选项(见图 2-5)。通常情况下，只修改【文件系统】为 FAT32 或 NTFS，其他选项不需要设置。

(5) 单击【开始】按钮，开始格式化 U 盘。当图 2-5 中下方的进度条达到 100%时，表示完成格式化操作(见图 2-6)。

(6) 格式化完毕后，关闭【格式化】对话框。

小贴士

　　格式化操作是破坏性的，所以格式化磁盘之前，一定要对重要资料进行备份，没有十足的把握不要轻易格式化磁盘，特别是计算机中的硬盘。

图 2-5　【格式化】对话框　　　　　　图 2-6　完成格式化操作

(7) 在【计算机】窗口左侧的列表区中选择 C 盘，单击鼠标右键，在弹出的快捷菜单中选择【属性】命令。

(8) 在弹出的【属性】对话框中查看 C 盘的总容量、空间的使用情况、文件系统等基本属性。如图 2-7 所示，通过观察可以看到：C 盘的文件系统为 NTFS 格式，容量为 58.5 GB，已用空间 31.1 GB，可用空间 27.4 GB(注意，这个数值并不是精确数据)。

(9) 在【常规】选项卡的文本框中输入"系统盘"，然后单击【确定】按钮。

(10) 参照前述方法，打开 E 盘的【属性】对话框，并切换到【工具】选项卡，单击【开始检查】按钮(见图 2-8)。

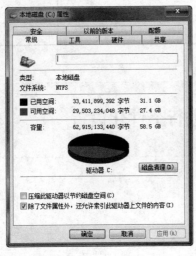
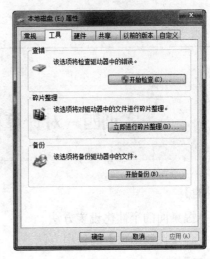

图 2-7　【属性】对话框　　　　　　　图 2-8　【工具】选项卡

(11) 在弹出的【磁盘检查】对话框中单击【开始】按钮，对 E 盘进行检查并报告检查结果。

(12) 打开【开始】菜单，执行其中的【所有程序】/【附件】/【系统工具】/【磁盘清理】命令，打开【磁盘清理：驱动器选择】对话框。

(13) 在【驱动器】下拉列表中选择 E 盘，单击【确定】按钮；在弹出的【E 的磁盘清理】对话框中单击【确定】按钮，对 E 盘进行清理。

(14) 打开【开始】菜单，执行其中的【所有程序】/【附件】/【系统工具】/【磁盘碎片整理程序】命令，打开【磁盘碎片整理程序】对话框。

(15) 在对话框下方的列表中选择要整理碎片的磁盘，这里选择 E 盘；然后单击【磁盘碎片整理】按钮，系统开始整理碎片。由于磁盘碎片的严重程度不同，因此整理的时间不尽相同。

【自主评价】

(1) 通过这个实训学会的技能：_____

_____

(2) 在这个实训中遇到的问题：_____

_____

(3) 我对这个实训的一些想法：_____

_____

【教师评价】

评　语	成　绩

实训四　对计算机进行个性化设置

【实训目的】

(1) 掌握桌面的个性化设置方法。

(2) 学会【控制面板】的使用方法。

【实训内容】

(1) 对显示器分辨率、桌面进行个性化设置。

(2) 设置系统时间与日期。

(3) 添加与删除程序。

【实训要求】

(1) 显示器的个性化设置。

① 设置显示器的分辨率为 1024×768 像素。

② 隐藏"计算机"和"回收站"图标。

③ 设置桌面主题为"建筑"。

④ 使用自己的照片(或任意图片)作为桌面。

(2) 设置系统时间与日期。

① 修改系统日期为 2013 年 6 月 12 日，时间为 12：00。

② 附加一个时钟，设置为"夏威夷"时间。

③ 设置计算机时间与 Internet 时间同步。

(3) 添加与删除程序。

① 删除"空当接龙"游戏，然后再重新添加。

② 删除"ACDSee"看图软件。

【实训步骤】

(1) 启动 Windows 7 操作系统。

(2) 在桌面的空白处单击鼠标右键，在弹出的快捷菜单中选择【屏幕分辨率】命令，打开【屏幕分辨率】对话框。

(3) 打开【分辨率】下拉列表，拖动滑块即可改变屏幕分辨率，将滑块拖动到 1024×768 像素。

(4) 单击【确定】按钮，完成显示器分辨率的设置。

(5) 在桌面的空白处单击鼠标右键，在弹出的快捷菜单中选择【个性化】命令，打开【个性化】窗口。

(6) 在【个性化】窗口的左侧单击"更改桌面图标"文字链接，弹出【桌面图标设置】对话框。

(7) 在【桌面图标设置】对话框中取消【计算机】和【回收站】选项(见图 2-9)；然后单击【确定】按钮，隐藏桌面上的"计算机"和"回收站"图标。

(8) 在【个性化】窗口中单击"建筑"主题(见图 2-10)，为屏幕设置个性化主题。

图 2-9　【桌面图标设置】对话框

图 2-10　选择个性化主题

(9) 在【个性化】窗口的下方单击"桌面背景"文字链接，在弹出的【桌面背景】对话框中直接选择系统中的图片，或单击【图片位置】右侧的【浏览】按钮，选择所需的图片，这样就可以将自己的照片、绘画作品等设置为桌面。

(10) 在桌面上双击"控制面板"图标，或者在【开始】菜单中单击【控制面板】命令，打开【控制面板】窗口。

(11) 在【控制面板】窗口中单击【时钟、语言和区域】选项，进入到下一级选项；然后单击"设置时间和日期"文字链接(见图 2-11)。

图 2-11　单击"设置时间和日期"文字链接

(12) 在打开的【日期和时间】对话框中单击【更改日期和时间】按钮，弹出【日期和时间设置】对话框，在这里可以修改日期和时间，将系统日期修改为 2013 年 6 月 12 日，时间为 12：00(见图 2-12)；然后单击【确定】按钮返回【日期和时间】对话框。

(13) 切换到【附加时钟】选项卡，勾选【显示此时钟】选项；然后在【选择时区】下拉列表中选择"(UTC-10:00) 夏威夷"选项，在【输入显示名称】文本框中输入"夏威夷时间"(见图 2-13)。

图 2-12　设置日期和时间

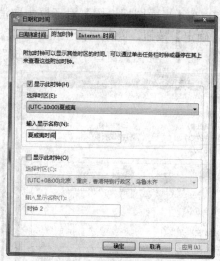

图 2-13　设置夏威夷时间

(14) 单击【确定】按钮，完成系统时间的修改，这时在任务栏右侧的时间指示器上可以看到新的日期与时间；单击时间指示器，在打开的面板中将出现两个时钟，其中右侧的就是刚才附加的时钟(见图 2-14)。

图 2-14　附加的时钟

(15) 在【控制面板】窗口中单击【程序】选项下方的"卸载程序"文字链接，打开【程序和功能】窗口。

(16) 在窗口左侧单击"打开或关闭 Windows 功能"文字链接，弹出【Windows 功能】对话框，取消选择【空当接龙】(见图 2-15)。

(17) 单击【确定】按钮，程序自动更新，删除"空当接龙"游戏(见图 2-16)。

图 2-15　【Windows 功能】对话框

图 2-16　更新程序的进程

(18) 重复前述操作，在【Windows 功能】对话框中重新选择【空当接龙】，然后单击【确定】按钮。

(19) 在控制面板的【程序和功能】窗口的程序列表中选择"ACDSee 5.0"，单击列表上方的【卸载/更改】按钮，在弹出的提示框(见图 2-17)中单击【是】按钮即可删除选择的程序。

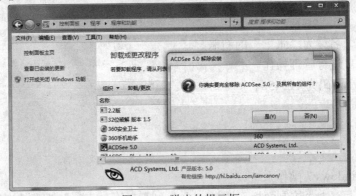

图 2-17　弹出的提示框

【自主评价】

(1) 通过这个实训学会的技能：＿＿＿＿＿＿＿＿＿＿＿＿＿＿＿＿＿＿＿

＿＿＿＿＿＿＿＿＿＿＿＿＿＿＿＿＿＿＿＿＿＿＿＿＿＿＿＿＿＿＿＿＿＿＿

(2) 在这个实训中遇到的问题：＿＿＿＿＿＿＿＿＿＿＿＿＿＿＿＿＿＿＿＿

＿＿＿＿＿＿＿＿＿＿＿＿＿＿＿＿＿＿＿＿＿＿＿＿＿＿＿＿＿＿＿＿＿＿＿

(3) 我对这个实训的一些想法：＿＿＿＿＿＿＿＿＿＿＿＿＿＿＿＿＿＿＿＿

＿＿＿＿＿＿＿＿＿＿＿＿＿＿＿＿＿＿＿＿＿＿＿＿＿＿＿＿＿＿＿＿＿＿＿

【教师评价】

评　语	成　绩

实训五　创建新账户

【实训目的】

(1) 掌握创建新账户的方法。

(2) 学会管理账户。

【实训内容】

创建并管理一个新账户。

【实训要求】

(1) 创建一个名称为"张三"的新账户。

(2) 对该账户进行管理操作。

① 设置账户密码为 123456。

② 更改账户图片。

③ 删除账户。

【实训步骤】

(1) 启动 Windows 7 操作系统。

(2) 在桌面上双击"控制面板"图标，或者在【开始】菜单中单击【控制面板】命令，打开【控制面板】窗口。

(3) 单击【用户账户和家庭安全】下方的"添加或删除用户账户"文字链接，打开【管理账户】窗口。

(4) 在【管理账户】窗口的下方单击"创建一个新账户"文字链接。

(5) 在打开的【创建新账户】窗口中输入一个新账户名称"张三"，并选择【标准用户】类型(见图 2-18)。

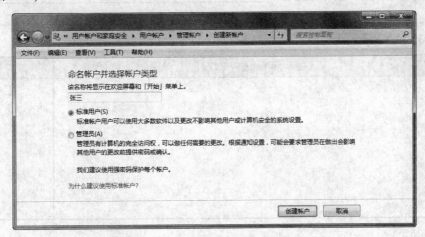

图 2-18　命名账户并选择账户类型

(6) 单击【创建账户】按钮，创建一个新用户。

(7) 单击刚刚创建的新用户"张三"，则进入用户管理窗口(见图 2-19)。

图 2-19　用户管理窗口

(8) 单击"创建密码"文字链接，进入【为账户创建一个密码】页面，输入密码时需要确认一次，每次输入时必须以相同的大小写方式输入，在这里输入"123456"。

(9) 单击【创建密码】按钮，则为该账户创建了密码，并重新返回上一窗口。

(10) 单击"更改图片"文字链接，进入【为用户选择一个新图片】页面，这里有若干可供选择的图片，选择一幅自己喜欢的图片。

(11) 单击【更改图片】按钮，为该账户更改一张图片。

(12) 单击"删除账户"文字链接，删除刚才创建的"张三"账户。

【自主评价】

(1) 通过这个实训学会的技能：_____

_____

(2) 在这个实训中遇到的问题：_____

_____

(3) 我对这个实训的一些想法：_____

_____

【教师评价】

评　语	成　绩

实训六　使用写字板编排文档

【实训目的】

(1) 掌握 Windows 自带实用软件的使用方法。

(2) 学会利用现有的工具完成实际任务。

【实训内容】

使用写字板编排一个文档，效果如图 2-20 所示。

今天的作业

今天信息技术课上布置的作业是数制的转换，如下图：

我的转换结果如下：

$(101)_{10} = (1100101)_2$

$(68)_{10} = (1000100)_2$

$(89)_{10} = (1011001)_2$

图 2-20　文档效果

【实训要求】

　　(1) 创建一个写字板文档，参照效果图输入文字，标题为黑体、28 磅，正文为宋体、16 磅。

　　(2) 创建一个便笺，输入文字。

　　(3) 利用截图工具截取便笺，插入到写字板文档中。

　　(4) 利用计算器完成十进制到二进制的转换。

【实训步骤】

　　(1) 在桌面上单击【开始】/【所有程序】/【附件】/【写字板】命令，打开【写字板】窗口。

　　(2) 切换到中文输入法，输入"今天的作业"；然后回车换行，输入"今天信息技术课上布置的作业是数制的转换，如下图"，再回车换行。

　　(3) 在桌面上单击【开始】/【所有程序】/【附件】/【便笺】命令，此时在桌面的右上角位置将出现一个黄色的便笺纸，参照效果图在便笺中输入内容。

　　(4) 在桌面上单击【开始】/【所有程序】/【附件】/【截图工具】命令，启动截图工具，截取便笺，如图 2-21 所示。

　　(5) 在【截图工具】窗口中单击【复制】按钮；然后切换到【写字板】窗口，按 Ctrl + V 键，截取的图片便粘贴到了写字板文档中。

　　(6) 在【写字板】窗口中继续输入"我的转换结果如下："文字。

图 2-21　使用截图工具截取便笺

　　(7) 单击【开始】/【所有程序】/【附件】/【计算器】命令，打开计算器；再单击菜单栏中的【查看】/【程序员】命令，切换到数制转换模式(见图 2-22)。

　　(8) 在计算器中输入"101"，然后选择【二进制】选项，数字即转换为二进制数(见图 2-23)。

图 2-22　数制转换模式

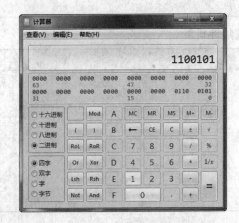

图 2-23　转换结果

(9) 切换到【写字板】窗口中，继续输入"$(101)_{10} = (1100101)_2$"。

(10) 采用同样的方法，使用计算器换算出另外两个十进制数转换为二进制数的结果，并输入到写字板文档中。

(11) 选择第一行"今天的作业"，在【主页】选项卡的"字体"组中设置字体为"黑体"、大小为"28"磅(见图 2-24)。

图 2-24 设置文字的字体和大小

(12) 采用前述方法，选择正文部分，设置字体为"宋体"、大小为"16"磅。

(13) 在数制转换部分分别选择"括号"外面的数字，在【主页】选项卡的"字体"组中单击"下标"图标按钮，设置下标(见图 2-25)。

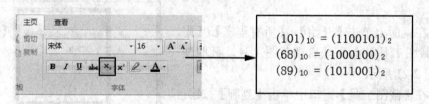

图 2-25 设置下标

【自主评价】

(1) 通过这个实训学会的技能：_____

_____

(2) 在这个实训中遇到的问题：_____

_____

(3) 我对这个实训的一些想法：_____

_____

【教师评价】

评　语	成　绩

第 3 章 Word 2010 文字处理

实训一 基于模板创建个人简历

【实训目的】

(1) 掌握 Word 启动与退出的方法，熟悉 Word 工作界面。

(2) 掌握基于模板创建文档的方法。

(3) 了解制作模板的方法。

(4) 熟练掌握文字的输入与修改。

(5) 掌握保存、预览和打印文档的方法。

【实训内容】

基于模板创建一份个人简历，效果如图 3-1 所示。

图 3-1 个人简历的效果图

【实训要求】

(1) 基于模板新建一个 Word 文档，将其保存在"D:\学号-姓名"文件夹中，命名为"实训一：个人简历.docx"，然后关闭该文件。

(2) 重新打开所建立的"实训一：个人简历.docx"文件，根据要求进行修改，并将修改好的文件另存为"实训一：个人简历-修改.docx"，存入相同的文件夹中。

① 输入姓名：选择"Windows 用户"，重新输入姓名，例如"吴大为"。

② 输入其他文字：根据情况输入"电话"、"地址"、"目标职位"、"学历"、"工作"和"技能"等信息。

③ 输入页码：在页脚位置输入"1"。

④ 分别以页面、阅读版式、Web 版式、大纲、草稿、打印预览等不同方式显示文档，观察各个视图的显示特点。

⑤ 保存文档。

(3) 新建一个空白文档，设置自动保存时间间隔为 5 分钟，复制"实训一：个人简历-修改.docx"的内容，并将其粘贴到该文档中。

(4) 将文件另存为 Word 2003 格式。

【实训步骤】

(1) 启动 Word 2010。

(2) 切换到【文件】选项卡，选择【新建】命令。

(3) 在窗口的中间部分单击"样本模板"，显示本地计算机上的可用模板。

(4) 在【样本模板】列表中选择"平衡简历"模板，然后单击右侧的【创建】按钮，即可基于模板创建一个文档。

(5) 再次切换到【文件】选项卡，选择【保存】命令。

(6) 在【另存为】对话框中指定文档的保存位置，命名为"实训一：个人简历.docx"，然后关闭文档。

(7) 再次切换到【文件】选项卡，选择【打开】命令。

(8) 在【打开】对话框中选择"实训一：个人简历.docx"，然后单击【打开】按钮。

(9) 打开文档后，切换到【文件】选项卡，选择【另存为】命令，将文档重新以"实训一：个人简历-修改.docx"为名称保存至同一个文件夹下。

(10) 输入姓名、电话、地址、邮箱等，由于使用的是模板，所以输入文字后格式是固定的(见图 3-2)。

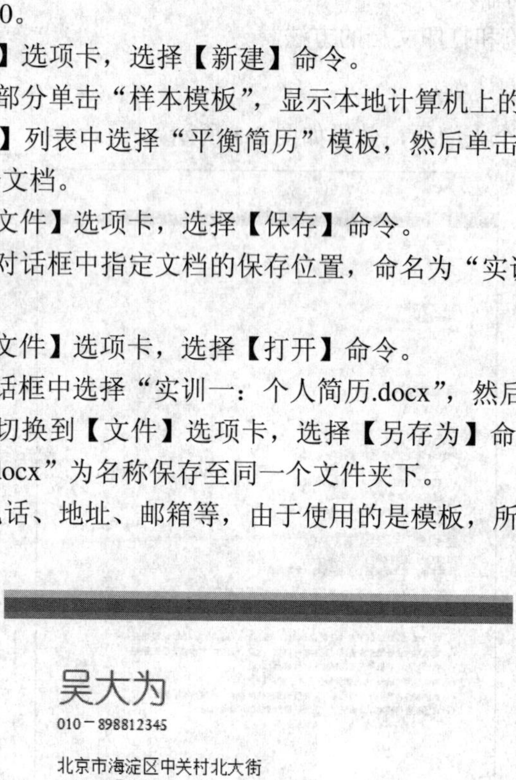

吴大为

010－898812345

北京市海淀区中关村北大街
wdw123@163.com
http://blog.sina.com.cn/u/123456

图 3-2   输入的文字

(11) 采用前述方法继续输入其他文字信息(见图 3-3)。输入文字时要先单击占位符，再输入文字；需要换行时，按回车键。

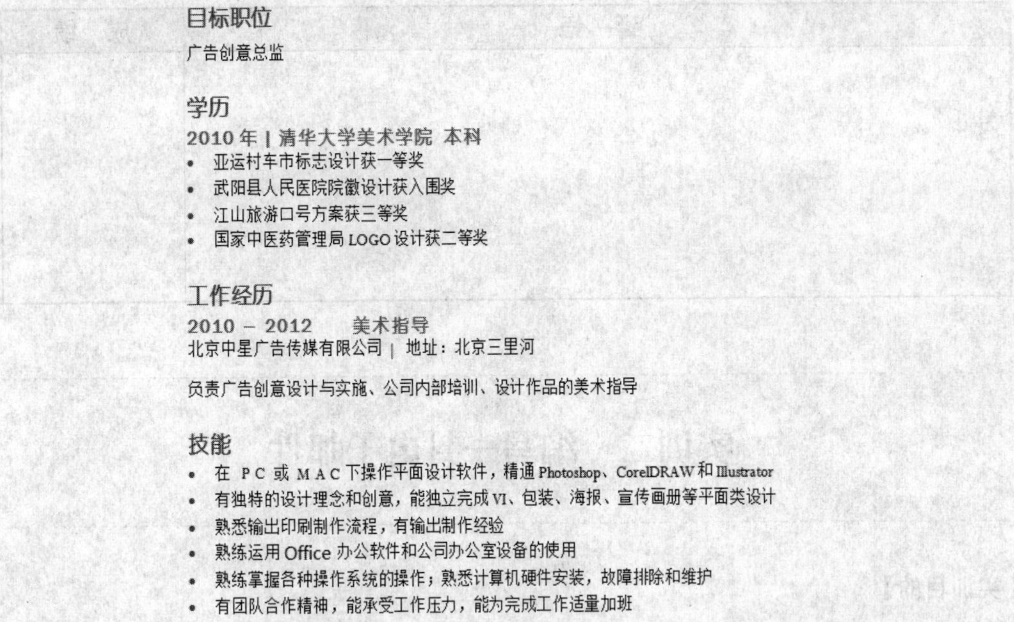

目标职位

广告创意总监

学历

2010 年 | 清华大学美术学院 本科
- 亚运村车市标志设计获一等奖
- 武阳县人民医院院徽设计获入围奖
- 江山旅游口号方案获三等奖
- 国家中医药管理局 LOGO 设计获二等奖

工作经历

2010 − 2012　　美术指导

北京中星广告传媒有限公司 | 地址：北京三里河

负责广告创意设计与实施、公司内部培训、设计作品的美术指导

技能
- 在 P C 或 M A C 下操作平面设计软件，精通 Photoshop、CorelDRAW 和 Illustrator
- 有独特的设计理念和创意，能独立完成 VI、包装、海报、宣传画册等平面类设计
- 熟悉输出印刷制作流程，有输出制作经验
- 熟练运用 Office 办公软件和公司办公室设备的使用
- 熟练掌握各种操作系统的操作；熟悉计算机硬件安装，故障排除和维护
- 有团队合作精神，能承受工作压力，能为完成工作适量加班

图 3-3　输入的文字信息

(12) 在页面右下角的红色圆圈上双击鼠标，进入页眉与页脚编辑环境。

(13) 在红色圆圈上单击鼠标，输入页码“1”；然后在页面编辑区双击鼠标，返回页面编辑环境。

(14) 切换到【视图】选项卡，在“文档视图”组中分别单击【页面视图】、【阅读版式视图】、【Web 版式视图】、【大纲视图】和【草稿】按钮，观察各个视图的显示特点。

(15) 在快速访问工具栏中单击【打印预览和打印】按钮，观察 Word 2010 打印预览与以往版本的不同之处。

(16) 切换到【文件】选项卡，单击【保存】命令，保存对文档所做的修改。

(17) 按 Ctrl + A 键选择全部内容，在【开始】选项卡中单击【复制】按钮。

(18) 在快速访问工具栏中单击【新建】按钮，创建一个新文档；在【开始】选项卡中单击【粘贴】按钮。

(19) 切换到【文件】选项卡，单击【保存】命令，在打开的【另存为】对话框中设置【保存类型】为“word 97-2003 文档”，然后命名保存即可，这样低版本的 Word 也可以打开该文档。

【自主评价】

(1) 通过这个实训学会的技能：_____

_____

(2) 在这个实训中遇到的问题：_____

_____

(3) 我对这个实训的一些想法：_____

_____

【教师评价】

评　语	成　绩

实训二　编写一封电子邮件

【实训目的】

(1) 掌握文字的输入与修改方法，包括文字的修改、删除、移动等。

(2) 学会如何快速查找和替换文本。

(3) 掌握特殊符号的插入方法。

(4) 学会在文档中插入复杂的数学公式。

(5) 掌握文本格式的基本设置，如字体、大小、字形等。

(6) 掌握段落格式的基本设置方法。

【实训内容】

完成一封电子邮件的录入与编辑，如图 3-4 所示。

朱朱：你好！

今天的数学课上，我有一道数学题不太理解，麻烦你抽时间将下面这道题的解题思路整理一下，然后发到我的电子邮箱中，谢谢！

$$化简：\frac{\sqrt{2}}{4}\sin\left(\frac{\pi}{4}-x\right)+\frac{\sqrt{6}}{4}\cos\left(\frac{\pi}{4}-x\right)$$

我的电话和邮箱 ☎ : 1234567；✉ : Janny@163.com。

盼回复☺。祝你学习进步！

珍妮

2013 年 6 月 5 日星期三

图 3-4　电子邮件

【实训要求】

(1) 新建一个空白 Word 文档，将其保存在"D:\学号-姓名"文件夹中，命名为"实训二：电子邮件.docx"。

(2) 输入如图 3-4 所示的内容，其中要插入公式、符号与日期。

(3) 保存文档。

(4) 将文档文件另存为"实训二：电子邮件-修改.docx"，并存入相同的文件夹中，然后对其内容进行编辑。

① 替换文字：把所有的"你"替换为"您"。

② 移动文字：将"盼回复"一行与上一行互换位置。

③ 设置文字格式：楷体、五号。

④ 设置段落格式：各段首行缩进，公式居中。

⑤ 将最后一段删除，再将其恢复。

修改结果如图 3-5 所示。

朱朱：您好!

　　今天的数学课上，我有一道数学题不太理解，麻烦您抽时间将下面这道题的解题思路整理一下，然后发到我的电子邮箱中，谢谢!

化简: $\dfrac{\sqrt{2}}{4}\sin\left(\dfrac{\pi}{4}-x\right)+\dfrac{\sqrt{6}}{4}\cos\left(\dfrac{\pi}{4}-x\right)$

盼回复☺。祝您学习进步!

我的电话和邮箱 ☎: 1234567; ✉: Janny@163.com。

珍妮

2013 年 6 月 5 日星期三

图 3-5　修改后的电子邮件效果

(5) 保存文档。

【实训步骤】

(1) 启动 Word 2010。

(2) 切换到自己会使用的中文输入法，输入文字(注：先不要输入公式、符号与日期)。

(3) 将光标定位在"盼回复"的后面，在【插入】选项卡的"符号"组中单击【符号】按钮，在打开的列表中选择【其他符号】选项。

(4) 在打开的【符号】对话框中设置【字体】为"wingdings"；然后双击其中的"笑脸"符号。

(5) 采用前述方法分别插入"电话"和"邮件"符号。

(6) 将光标定位在最后一行，在【插入】选项卡的"文本"组中单击【日期和时间】按钮，打开【日期和时间】对话框，在右上角选择【中文(中国)】选项；然后在【可用格式】列表中选择第三种格式，并单击【确定】按钮，这时的文本效果如图 3-6 所示。

朱朱：你好!

今天的数学课上，我有一道数学题不太理解，麻烦你抽时间将下面这道题的解题思路整理一下，然后发到我的电子邮箱中，谢谢!

我的电话和邮箱 ☎: 1234567; ✉: Janny@163.com。

盼回复☺。祝你学习进步!

珍妮

2013 年 6 月 5 日星期三

图 3-6　插入符号和日期后的效果

(7) 将光标定位在"谢谢!"之后，按下回车键插入一行。

(8) 在【插入】选项卡的"符号"组中单击【公式】按钮，在打开的列表中选择【插入新公式】选项，这时文档中会出现一个公式占位符，同时显示公式的【设计】选项卡(见图 3-7)。

图 3-7 公式的【设计】选项卡

(9) 在【设计】选项卡的"结构"组中单击【分数】按钮，选择第一种分数结构；然后将光标定位在分子上，在【设计】选项卡的"符号"组中单击"根号"，并输入"2"；再将光标定位在分母上，并输入"4"。

(10) 将光标定位在刚输入的分数之后，在"结构"组中单击【函数】按钮，选择正弦函数 sin。

(11) 将光标定位在 sin 右侧的自变量位置上，在"结构"组中单击【括号】按钮，选择第一个括号。

(12) 将光标定位在括号内，按照前述操作方法输入公式结构与符号；然后将光标定位在公式的最前方，并输入"化简："，最终结果如图 3-8 所示。

下，然后发到我的电子邮箱中，谢谢！

$$化简：\frac{\sqrt{2}}{4}\sin\left(\frac{\pi}{4}-x\right)+\frac{\sqrt{6}}{4}\cos\left(\frac{\pi}{4}-x\right)$$

我的电话和邮箱 ☎：1234567； ✉：Janny@163.com。

图 3-8 输入的公式

(13) 切换到【文件】选项卡，选择【保存】命令，在【另存为】对话框中指定文档的保存位置，命名为"实训二：电子邮件.docx"。

(14) 在【文件】选项卡中选择【另存为】命令，将文件另存一份，命名为"实训二：电子邮件-修改.docx"。

(15) 在【开始】选项卡的"编辑"组中单击【替换】按钮，打开【查找和替换】对话框；在【查找内容】中输入"你"，在【替换为】中输入"您"，单击【全部替换】按钮。

(16) 选择"盼回复"这一行(注意要包括段落标记)，将其拖动到上一行的前面，释放鼠标。

(17) 按 Ctrl + A 键全选文本，在【开始】选项卡的"字体"组中设置字体为"楷体"、字号为"五号"。

(18) 在【开始】选项卡中单击"段落"组右下角的 ▣ 按钮，打开【段落】对话框；在【特殊格式】下拉列表中选择"首行缩进"，缩进量为"2 字符"。

(19) 分别将光标定位在最后两行的前面，通过按空格键，将文字排到右侧。

(20) 选择最后一段，按 Delete 键将其删除；然后再按 Ctrl + Z 键将其恢复。

(21) 按 Ctrl + S 键保存所做的修改。

【自主评价】

(1) 通过这个实训学会的技能：＿＿＿＿＿＿＿＿＿＿＿＿＿＿＿＿＿＿＿＿＿＿＿＿＿＿

＿＿

(2) 在这个实训中遇到的问题：＿＿＿＿＿＿＿＿＿＿＿＿＿＿＿＿＿＿＿＿＿＿＿＿＿＿

＿＿

(3) 我对这个实训的一些想法: _____

_____

【教师评价】

评　语	成　绩

实训三　对一首诗词进行排版

【实训目的】

(1) 掌握字体、字号、颜色、文本效果的设置方法。

(2) 学会上标、下划线等特殊文本格式的设置方法。

(3) 熟练掌握项目符号的使用方法。

(4) 学会格式刷的使用方法。

(5) 学会为文字添加边框和底纹的方法。

【实训内容】

完成宋词《如梦令》的编排,效果如图 3-9 所示。

如 梦 令

宋·李清照

常记❶溪亭日暮,沉醉❷不知归路。

兴尽晚回舟,误入藕花❸深处。

争渡❹,争渡,惊起一滩鸥鹭。

📖【作者简介】

李清照(1084-1155?)号易安居士,齐州章丘(今属山东济南)人,以词著称,有较高的艺术造诣,其词崇尚典雅、情致,反对以作诗文之法作词。

📖【注释】

❶常记:长久记忆。　　　❷沉醉:大醉。　　　❸藕花:荷花。

❹争渡:这里指奋力划船渡过。有注"怎渡"者,不宜从。

📖【译文】

依旧经常记得出游溪亭,一玩就玩到日暮时分,深深地沉醉,而忘记归路。一直玩到兴尽,回舟返途,却迷途进入藕花的深处。怎样才能划出去,船儿抢着渡,惊起了一滩的鸥鹭。

图 3-9　《如梦令》的编排效果

【实训要求】

(1) 创建一个 Word 文档，输入如图 3-9 所示的文本，将其保存在"D:\学号-姓名"文件夹中，命名为"实训三：如梦令.docx"。

(2) 设置宋词部分的格式，要求如下：

① 标题：黑体、一号，文本效果为"渐变填充-黑色、轮廓-白色、外部阴影"，居中对齐。

② 作者：仿宋、小四号，居中对齐。

③ 正文：华文中宋、小三号，居中对齐。

④ 在"常记"、"沉醉"、"藕花"、"争渡"等文字右侧插入数字序号❶～❹，并将其设置为上标。

(3) 设置作者简介部分的格式，要求如下：

① 标题：黑体、四号，项目符号如样文所示。

② 正文：楷体、小四号，颜色为棕色，首行缩进 2 字符。

③ 为整段文字设置字符底纹。

④ 为"李清照 …… 的艺术造诣。"这部分文字设置下划线。

(4) 设置注释部分的格式，要求如下：

① 标题：黑体、四号，项目符号如样文所示。

② 正文：宋体、小四号，两端对齐。

(5) 设置译文部分的格式，要求如下：

① 标题：黑体、四号，项目符号如样文所示。

② 正文：宋体、小四号，首行缩进 2 字符。

③ 为段落添加边框，样式参考样文。

【实训步骤】

(1) 启动 Word 2010，参照样文输入文字。

(2) 按 Ctrl + S 键，将文档保存在"D:\学号-姓名"文件夹中，命名为"实训三：如梦令.docx"。

(3) 选择标题"如梦令"，在【开始】选项卡的"字体"组中设置字体为"黑体"、字号为"一号"；然后单击【文本效果】按钮，在打开的列表中选择第 4 行第 3 列的文本效果；在"段落"组中单击【居中】按钮。

(4) 选择"宋·李清照"，在【开始】选项卡的"字体"组中设置字体为"仿宋"、字号为"小四"号；然后在"段落"组中单击【居中】按钮。

(5) 同时选择第 3～5 行，在【开始】选项卡的"字体"组中设置字体为"华文中宋"、字号为"小三"号；然后在"段落"组中单击【居中】按钮。

(6) 将光标定位在"常记"的后面，参照实训二的方法，打开【符号】对话框，设置【字体】为"wingdings"；然后双击其中的数字符号"❶"。

(7) 选择刚插入的符号"❶"，在【开始】选项卡的"字体"组中单击【上标】按钮。采用同样的方法，在文字"沉醉"、"藕花"、"争渡"后面插入符号❷、❸、❹，并将其设置为上标。

(8) 选择"【作者简介】"一行，在【开始】选项卡的"字体"组中设置字体为"黑体"、字号为"四号"；然后在"段落"组中单击【项目符号】按钮右侧的小箭头，在打开的列表中选择【定义新项目符号】选项。

(9) 在打开的【定义新项目符号】对话框中单击【符号】按钮，选择符号"📖"作为项目符号。

(10) 选择作者介绍部分的文字(第 7～8 行)，在【开始】选项卡的"字体"组中设置字体为"楷体"、字号为"小四"号，颜色为棕色；然后单击【字符底纹】按钮。

(11) 在【开始】选项卡中单击"段落"组右下角的 按钮，打开【段落】对话框；在【特殊格式】下拉列表中选择"首行缩进"，缩进量为"2 字符"。

(12) 选择"李清照 …… 的艺术造诣。"这部分文字，在【开始】选项卡的"字体"组中单击【下划线】按钮。

(13) 选择"【作者简介】"一行，在【开始】选项卡的"剪贴板"组中双击【格式刷】按钮复制格式。

(14) 分别在第 9 行、第 12 行上拖动鼠标，选择"【注释】"和"【译文】"文字，则这两行得到与"【作者简介】"一行相同的格式。

(15) 同时选择第 10 行和第 11 行，在【开始】选项卡的"字体"组中设置字体为"宋体"、字号为"小四"号；然后在"段落"组中单击【两端对齐】按钮。

(16) 选择译文的正文(第 13～15 行)，参照前述方法设置字体为"宋体"、字号为"小四"号，首行缩进 2 字符。

(17) 在【开始】选项卡的"段落"组中单击 按钮右侧的小箭头，在打开的列表中选择【边框和底纹】选项。

(18) 在【边框和底纹】对话框的【样式】列表中选择"单波浪线"，设置【应用于】为"段落"，并单击【确定】按钮。

(19) 按 Ctrl + S 键保存所做的修改。

【自主评价】

(1) 通过这个实训学会的技能：＿＿＿＿＿＿＿＿＿＿＿＿＿＿＿＿＿＿＿＿＿

＿＿＿＿＿＿＿＿＿＿＿＿＿＿＿＿＿＿＿＿＿＿＿＿＿＿＿＿＿＿＿＿＿＿＿

(2) 在这个实训中遇到的问题：＿＿＿＿＿＿＿＿＿＿＿＿＿＿＿＿＿＿＿＿＿

＿＿＿＿＿＿＿＿＿＿＿＿＿＿＿＿＿＿＿＿＿＿＿＿＿＿＿＿＿＿＿＿＿＿＿

(3) 我对这个实训的一些想法：＿＿＿＿＿＿＿＿＿＿＿＿＿＿＿＿＿＿＿＿＿

＿＿＿＿＿＿＿＿＿＿＿＿＿＿＿＿＿＿＿＿＿＿＿＿＿＿＿＿＿＿＿＿＿＿＿

【教师评价】

评　语	成　绩

实训四　制作一个生日贺卡

【实训目的】

(1) 掌握形状的绘制与编辑方法。

(2) 掌握艺术字的插入与编辑方法。

(3) 掌握剪贴画的插入与编辑方法。

(4) 掌握文本框的使用方法。

(5) 掌握对象层次的调整方法。

【实训内容】

完成生日贺卡的制作，效果如图 3-10 所示。

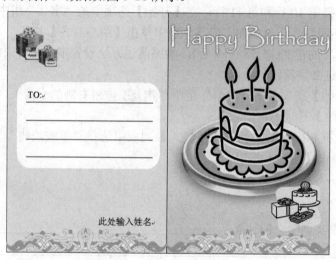

图 3-10　生日贺卡效果图

【实训要求】

(1) 新建一个 Word 文档，将其保存在 "D:\学号-姓名" 文件夹中，命名为 "实训四：生日贺卡.docx"。

(2) 绘制一个大小为 9.7 cm×6.72 cm 的矩形，填充为 "橙色，淡色 80%"；然后复制一个与其并排，并修改为渐变填充，作为贺卡的底图。

(3) 在左侧贺卡底部插入剪贴画，更改颜色，调整大小，使之与底图能够搭配起来；然后复制一个，调整到右侧贺卡底图的下方，作为装饰图案。

(4) 插入艺术字 "Happy Birthday"，设置艺术字样式为 "白色，投影"。

(5) 插入几个 "蛋糕" 的剪贴画，作为主画面与修饰画面。

(6) 使用形状绘制文字区，用于书写祝福文字。

(7) 使用文本框制作提示信息。

【实训步骤】

(1) 启动 Word 2010，创建一个新文档，将其保存在 "D:\学号-姓名" 文件夹中，命名为 "实训四：生日贺卡.docx"。

(2) 在【插入】选项卡的 "插图" 组中单击【形状】按钮下方的三角形箭头，在打开的下拉列表中选择矩形。

(3) 在页面中单击鼠标，则生成一个预定大小的形状；然后在【格式】选项卡的 "大小" 组中设置高度为 "9.7 厘米"、宽度为 "6.72 厘米"。

(4) 在【格式】选项卡的 "形状样式" 组中单击【形状轮廓】按钮，在打开的下拉列表中将鼠标指向【粗细】选项，在其子列表中选择 "0.5 磅"；在【形状轮廓】下拉列表中选择颜色为 "黑色"。

(5) 在【格式】选项卡的 "形状样式" 组中单击【形状填充】按钮，在打开的下拉列表中选择 "橙色，淡色 80%"(见图 3-11)。

(6) 按住 Ctrl 键拖动修改后的矩形形状，复制一个，将复制得到的矩形排列到右侧(见图 3-12)。

图 3-11　选择填充颜色　　　　　　　图 3-12　复制形状后的贺卡效果

(7) 选择右侧的矩形形状，单击鼠标右键；在弹出的快捷菜单中选择【设置形状格式】命令，弹出【设置形状格式】对话框。

(8) 在对话框中选择【渐变填充】选项，设置左侧色标的颜色为 "红色"，并分别设置亮度与透明度的值，使之呈现淡粉色；设置中间色标的颜色为 "橙色，淡色 80%"；设置右侧色标的颜色为 "橙色，淡色 60%"(见图 3-13)，关闭【设置形状格式】对话框。

(9) 在【插入】选项卡的 "插图" 组中单击【剪贴画】按钮，弹出【剪贴画】任务窗格。

(10) 在【搜索文字】文本框中输入文字 "装饰"，单击【搜索】按钮，则列出所有搜索到的剪贴画；在搜索到的结果中找到 "漩涡图案和藤蔓装饰的边框"(见图 3-14)，单击该剪贴画，将其插入到文档中。

(11) 默认情况下插入的剪贴画是嵌入型的，不能移动位置。在【格式】选项卡中单击【自动换行】按钮，在打开的列表中选择【浮于文字上方】选项(见图 3-15)。

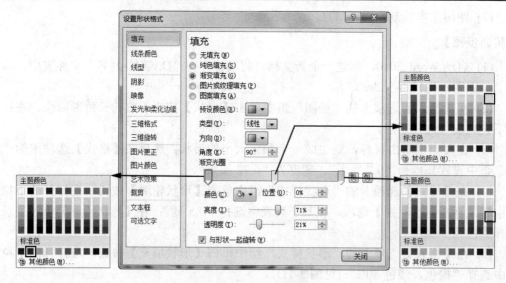

图 3-13　设置渐变填充色

图 3-14　选择的剪贴画

图 3-15　更改环绕方式

(12) 将光标指向剪贴画右上角的控制点，当光标变为双向箭头时按住左键并拖动鼠标，将剪贴画缩小到与矩形宽度一致，然后放置在下方(见图 3-16)。

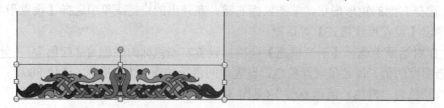

图 3-16　调整剪贴画的大小和位置

(13) 在【格式】选项卡的"调整"组中单击【颜色】按钮，在打开的列表中选择"橙色，强调文字颜色 6 浅色"(见图 3-17)。

(14) 在调整颜色后的剪贴画上单击鼠标右键，在弹出的快捷菜单中选择【设置图片格式】命令，弹出【设置图片格式】对话框；设置剪贴画的亮度为"20%"，对比度为"-21%"(见图 3-18)；然后关闭该对话框。

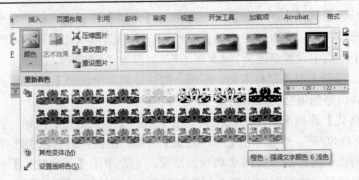

图 3-17　调整剪贴画的颜色

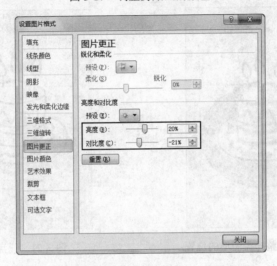

图 3-18　【设置图片格式】对话框

(15) 将光标指向调整后的剪贴画，按住 Ctrl 键向右拖动鼠标，将其复制一份，放置到右侧矩形的底端(见图 3-19)。

图 3-19　复制的剪贴画

(16) 在【插入】选项卡的"文本"组中单击【艺术字】按钮，在打开的列表中选择第 1 行第 3 列的艺术字样式，在文档中的艺术字占位符上输入"Happy Birthday"。

(17) 选择插入的艺术字，在【开始】选项卡的"字体"组中设置字体为"Papyrus"、大小为"一号"；然后将艺术字调整到右侧矩形的上方。

(18) 在【剪贴画】任务窗格的【搜索文字】文本框中输入"蛋糕"，单击【搜索】按钮，在搜索结果中单击一款蛋糕剪贴画，将其插入到文档中；然后在【格式】选项卡中单击【自动换行】按钮，在打开的列表中选择【浮于文字上方】选项。

(19) 将蛋糕剪贴画调整到适当大小，放置在右侧矩形的中间。

(20) 在【插入】选项卡的"插图"组中单击【形状】按钮下方的三角形箭头,在打开的下拉列表中选择椭圆,在页面中拖动鼠标绘制一个椭圆形状作为托盘;然后在【格式】选项卡的"大小"组中设置高度为"4.5 厘米"、宽度为"5.5 厘米"。

(21) 在托盘图形上单击鼠标右键,在弹出的快捷菜单中选择【置于底层】/【下移一层】命令;然后将其调整到蛋糕剪贴画的下方(见图 3-20)。

(22) 在【格式】选项卡的"形状样式"组中单击【形状填充】按钮,在打开的列表中选择"橙色,淡色 80%";然后单击【形状效果】按钮,在打开的列表中选择【预设】选项,在【预设】子列表中选择第 3 行第 2 列预设效果;再次单击【形状效果】按钮,在【三维旋转】子列表中选择"透视"组中第 2 行第 3 列效果,则托盘效果如图 3-21 所示。

图 3-20　调整托盘图形的位置　　　　　　　图 3-21　托盘效果

(23) 参照前述方法,再插入几个不同的蛋糕剪贴画,并调整大小,分别放置在左侧矩形的上方、右侧矩形的下方(见图 3-22)。

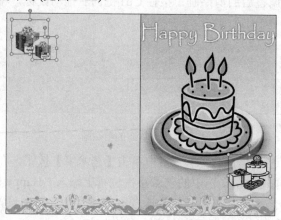

图 3-22　插入的剪贴画

(24) 参照前述方法,再绘制一个高度为 3.5 厘米、宽度为 6 厘米的圆角矩形作为书写祝福文字的文字区,设置填充颜色为"白色",轮廓颜色为"无",将其放置在左侧矩形的中间(见图 3-23)。

(25) 采用同样的方法,再绘制一条直线并将其复制 3 条;然后同时选择 4 条直线,在

【格式】选项卡的"排列"组中单击【对齐】按钮，在打开的下拉列表中选择【纵向分布】命令；最后调整位置，如图 3-24 所示。

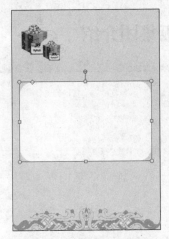

图 3-23　绘制的圆角矩形

图 3-24　绘制的直线

(26) 在【插入】选项卡的"文本"组中单击【文本框】按钮，在打开的列表中选择【绘制文本框】选项；然后在贺卡上拖动鼠标，创建一个文本框，在其中输入文字"TO:"；采用同样的方法，在左侧矩形的右下角再创建一个文本框，并输入文字"此处输入姓名"。

(27) 同时选择两个文本框，在【格式】选项卡的"形状样式"组中单击【形状填充】按钮，在打开的列表中选择【无填充颜色】选项；再单击【形状轮廓】按钮，在打开的列表中选择【无轮廓】选项。

(28) 分别将两个文本框中的文字设置为适当的字体与大小；然后适当调整文本框的位置。

(29) 按 Ctrl + S 键保存贺卡。

【自主评价】

(1) 通过这个实训学会的技能：＿＿＿＿＿＿＿＿＿＿＿＿＿＿＿＿＿＿＿＿＿＿＿＿＿＿＿

＿＿＿

(2) 在这个实训中遇到的问题：＿＿＿＿＿＿＿＿＿＿＿＿＿＿＿＿＿＿＿＿＿＿＿＿＿＿＿

＿＿＿

(3) 我对这个实训的一些想法：＿＿＿＿＿＿＿＿＿＿＿＿＿＿＿＿＿＿＿＿＿＿＿＿＿＿

＿＿＿

【教师评价】

评　语	成　绩

实训五　制作出版集团介绍

【实训目的】

(1) 掌握插入图片并对图片进行编辑的方法。

(2) 掌握图文混排的方法。

(3) 掌握在 Word 中插入图表并编辑图表的方法。

(4) 掌握插入并修改 SmartArt 图形的方法。

【实训内容】

制作一个万象出版集团介绍，效果如图 3-25 所示。

万象出版集团承多年来形成的"高层次、高水平、高质量"和"严肃、严密、严格"的优良传统与作风，始终坚持为科技创新服务、为普及科学知识服务、为广大读者服务的宗旨，出版了研究生、大中专教材、专著、科技图书和社会科普图书30000 余种，我们以鲜明的出书特色，求实、严谨、进取的工作作风，热诚、认真、高效的服务，赢得了广大读者的认可。连续 6 年被评为"国家优秀出版单位"。

万象出版集团的前身是万象图书公司，创建于 1990 年，经过 20 多年的发展，已经形成为拥有 3 个出版分社的集团性企业。面临新的机遇与挑战，万象出版集团积极开拓市场，进一步深化改革，加快资源整合和产业升级的步伐，创新出版形式，60 多种图书获得国家和省、部级奖励，目前我们不断加强企业文化建设，提高管理水平和服务水平，争取在新一轮图书市场发展中不断延续其辉煌的发展历程。

万象出版集团近 5 年来市场销售情况如下：

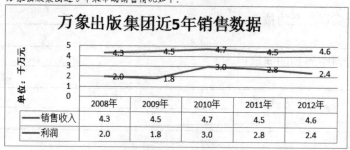

万象出版集团组织机构如下：

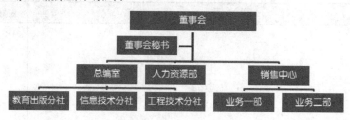

图 3-25　出版集团介绍效果图

【实训要求】

(1) 创建一个 Word 文档，输入如图 3-25 所示的文本，将其保存在"D:\学号-姓名"文件夹中，命名为"实训五：出版集团介绍.docx"。

(2) 设置文字部分的格式为楷体、五号、首行缩进 2 字符。

(3) 插入一幅图片，并设置图文混排格式。

① 设置图片为"四周型环绕"方式。

② 适当调整图片的大小。

③ 设置颜色饱和度为"100%"、色调为"色温 6500K"、重新着色为"水绿色"。

④ 设置锐化为"0%"、亮度为"0%"、对比度为"0%"。

(4) 插入一个图表。

① 图表标题位置为"图表上方"。

② 图表无横坐标轴，纵坐标轴为旋转过的标题。

③ 显示模拟运算表和图例项标示以及数据标签。

(5) 插入一个 SmartArt 图形并进行修改，要求如下：

① 插入一个组织结构图。

② 根据要求添加形状，并输入相关的文字。

【实训步骤】

(1) 启动 Word 2010，创建一个新文档，将其保存在"D:\学号-姓名"文件夹中，命名为"实训五：出版集团介绍.docx"。

(2) 参照样文输入 4 段文字，也可以直接打开"素材"文件夹中的"出版集团介绍文字.docx"文档，将其另存一份进行操作。

(3) 按 Ctrl + A 键全选文本，在【开始】选项卡的"字体"组中设置字体为"楷体"、字号为"五号"；单击"段落"组右下角的 按钮，打开【段落】对话框，在【特殊格式】下拉列表中选择"首行缩进"，缩进量(磅值)为"2 字符"(见图 3-26)。

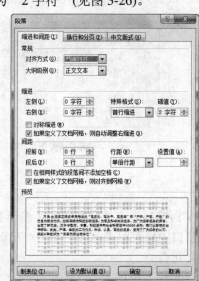

图 3-26　字体与段落格式的设置

(4) 将光标定位在任意位置处，在【插入】选项卡的"插图"组中单击【图片】按钮，在【插入图片】对话框中双击要插入的图片，将其插入到文档中。

(5) 选择插入的图片，在【格式】选项卡的"排列"组中单击【自动换行】按钮，设置图片环绕方式为"四周型环绕"。

(6) 在【格式】选项卡的"调整"组中单击【更正】按钮，在打开的列表中设置锐化为"0%"、亮度为"0%"、对比度为"0%"；单击【颜色】按钮，在打开的列表中设置"颜色饱和度为"100%"、色调为"色温 6500K"、重新着色为"水绿色"。

(7) 适当调整图片的大小，并调整至合适的位置(见图 3-27)。

万象出版集团承多年来形成的"高层次、高水平、高质量"和"严肃、严密、严格"的优良传统与作风，始终坚持为科技创新服务、为普及科学知识服务、为广大读者服务的宗旨，出版了研究生、大中专教材、专著、科技图书和社会科普图书 30000 余种，我们以鲜明的出书特色，求实、严谨、进取的工作作风，热诚、认真、高效的服务，赢得了广大读者的认可。连续 6 年被评为"国家优秀出版单位"。

万象出版集团的前身是万象图书公司，创建于 1990 年，经过 20 多年的发展，已经形成为拥有 3 个出版分社的集团性企业。面临新的机遇与挑战，万象出版集团积极开拓市场，进一步深化改革，加快资源整合和产业升级的步伐，创新出版形式，60 多种图书获得国家和省、部级奖励，目前我们不断加强企业文化建设，提高管理水平和服务水平，争取在新一轮图书市场发展中不断延续其辉煌的发展历程。

万象出版集团近 5 年来市场销售情况如下：

图 3-27　插入的图片

(8) 在【插入】选项卡的"插图"组中单击【图表】按钮，在【插入图表】对话框左侧选择"折线图"，在对话框右侧双击第一个折线图，则在文档中插入一个图表，同时打开 Excel 窗口。

(9) 在 Excel 窗口中修改数据(见图 3-28)，然后关闭 Excel 窗口。

	A	B	C	D	E	F
		销售收入	利润			
1						
2	2008年	4.3	2.0			
3	2009年	4.5	1.8			
4	2010年	4.7	3.0			
5	2011年	4.5	2.8			
6	2012年	4.6	2.4			
7						
8		若要调整图表数据区域的大小，请拖拽区域的右下角。				
9						

图 3-28　修改数据

(10) 在文档窗口中选择图表，在【设计】选项卡的"图表布局"组中选择"布局 5"；然后在文档窗口中修改图表标题文字为"万象出版集团近 5 年销售数据"，纵坐标轴标题为"单位：千万元"。

(11) 在【布局】选项卡的"标签"组中单击【数据标签】按钮，在打开的列表中选择"居中"，效果如图 3-29 所示。

万象出版集团承多年来形成的"高层次、高水平、高质量"和"严肃、严密、严格"的优良传统与作风，始终坚持为科技创新服务、为普及科学知识服务、为广大读者服务的宗旨，出版了研究生、大中专教材、专著、科技图书和社会科普图书30000 余种，我们以鲜明的出书特色，求实、严谨、进取的工作作风，热诚、认真、高效的服务，赢得了广大读者的认可。连续 6 年被评为"国家优秀出版单位"。

万象出版集团的前身是万象图书公司，创建于 1990 年，经过 20 多年的发展，已经形成为拥有3个出版分社的集团性企业。面临新的机遇与挑战，万象出版集团积极开拓市场，进一步深化改革，加快资源整合和产业升级的步伐，创新出版形式，60 多种图书获得国家和省、部级奖励，目前我们不断加强企业文化建设，提高管理水平和服务水平，争取在新一轮图书市场发展中不断延续其辉煌的发展历程。

万象出版集团近 5 年来市场销售情况如下：

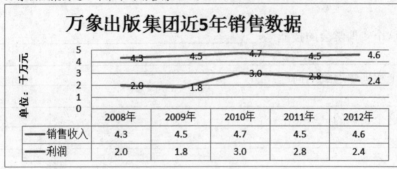

图 3-29　图表效果

(12) 将光标定位在文档的最后，在【插入】选项卡的"插图"组中单击【SmartArt】按钮，在【选择 SmartArt 图形】对话框左侧选择"层次结构"，在中间列表中双击第一个组织结构图，将其插入文档中；然后在图形中单击文本占位符，输入所需要的内容(见图3-30)。

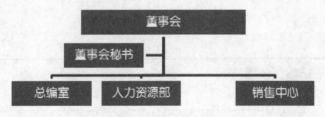

图 3-30　输入的内容

(13) 选择"总编室"形状，在【设计】选项卡的"创建图形"组中单击【添加形状】按钮右侧的三角形箭头，在打开的列表中选择【在下方添加形状】选项，在"总编室"形状的下方添加一个新形状，重复操作三次，添加三个新形状。

(14) 重新选择"总编室"形状，在"创建图形"组中单击【布局】按钮，在打开的列表中选择【标准】选项，使新添加的三个形状变为横排。

(15) 分别在三个新形状上单击鼠标右键，在快捷菜单中选择【编辑文字】命令，然后输入文字。

(16) 采用同样的方法，在"销售中心"形状的下方添加两个新形状并输入文字，效果如图 3-31 所示。

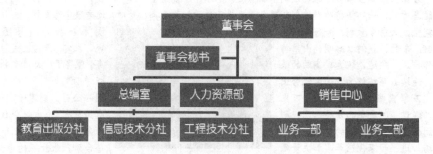

图 3-31　SmartArt 图形效果

(17) 按 Ctrl + S 键保存文档。

【自主评价】

(1) 通过这个实训学会的技能：＿＿＿＿＿＿＿＿＿＿＿＿＿＿＿＿

＿＿＿＿＿＿＿＿＿＿＿＿＿＿＿＿＿＿＿＿＿＿＿＿＿＿＿＿＿＿＿＿

(2) 在这个实训中遇到的问题：＿＿＿＿＿＿＿＿＿＿＿＿＿＿＿＿＿

＿＿＿＿＿＿＿＿＿＿＿＿＿＿＿＿＿＿＿＿＿＿＿＿＿＿＿＿＿＿＿＿

(3) 我对这个实训的一些想法：＿＿＿＿＿＿＿＿＿＿＿＿＿＿＿＿＿

＿＿＿＿＿＿＿＿＿＿＿＿＿＿＿＿＿＿＿＿＿＿＿＿＿＿＿＿＿＿＿＿

【教师评价】

评　语	成　绩

实 训 六　制 作 课 程 表

【实训目的】

(1) 掌握创建表格的基本方法。

(2) 掌握表格的编辑方法。

(3) 掌握修饰表格的基本方法。

【实训内容】

制作一个数学专业课程表，效果如图 3-32 所示。

数学专业课程表

节次 / 星期	一	二	三	四	五	六	七	八
星期一	数学分析Ⅱ 主楼302 (必修)		英语Ⅱ 主楼510 (必修)		教育学 主楼416 (必修)		听力 主楼610	
星期二	高代与解几Ⅱ 主楼411 (必修)		概率统计 主楼413 (必修)		计算机技术应用 (必修) 计算机中心220			
星期三			数学分析Ⅱ 主楼302 (必修)		英语Ⅱ 主楼510 (必修)		中国近代史纲要 西305 (必修)	
星期四	概率统计 主楼413 (必修)		高代与解几Ⅱ 主楼411 (必修)		计算机技术应用 (必修) 计算机中心220			
星期五	数学分析Ⅱ 主楼302 (必修)		体 育 田径场 (必修)				听力 主楼610	

图 3-32　课程表效果图

【实训要求】

(1) 新建一个 Word 文档，将其保存在 "D:\学号-姓名" 文件夹中，命名为 "实训六：数学专业课程表.docx"。

(2) 输入表格标题 "数学专业课程表"，将其设置为黑体、一号、深蓝色、居中。

(3) 创建一个 6 行 9 列的表格，居中对齐，并对行和列进行调整。

① 在左上角单元格中插入一条斜线，表头文字为 "节次" 和 "星期"，并将其设置为黑体、五号。

② 在第 1 行和第 1 列单元格中分别输入节次和星期文字，并将其设置为黑体、四号、居中。

③ 分别将第 2～6 行中的空白单元格两个一组进行合并；然后将 "星期一" 和 "星期五" 两行的最后一个单元格各拆分为两个单元格。

(4) 在单元格中输入如图 3-32 所示的内容。

① 单元格中的学科名称：方正大标宋简、小四；上课地点和 "(必修)"：方正大标宋简、小五、文本左对齐。

② 学科和上课地点之间以空格分开，"(必修)" 另起一行。

(5) 美化表格。

① 设置底纹。第 1 行和第 1 列均设置为草绿色底纹(左上角单元格除外)，相同的学科设置为一样的底纹，要求颜色各异，搭配得体，无课的单元格不设置底纹。

② 设置表格边框。将表格外边框设置为 "▬▬▬▬▬▬▬"；第 1 行下边框、第 1 列右边框、第 5 列右边框均设置为 "2.25 磅粗边框"，其他单元格边框设置为 "细实线"。

【实训步骤】

(1) 启动 Word 2010，创建一个新文档，将其保存在"D:\学号-姓名"文件夹中，命名为"实训六：数学专业课程表.docx"。

(2) 在【页面布局】选项卡的"页面设置"组中单击【纸张方向】按钮，将纸张设置为"横向"。

(3) 输入文字"数学专业课程表"作为表格标题，在【开始】选项卡的"字体"组中设置字体为"黑体"、字号为"一号"，字体颜色为深蓝色；然后在"段落"组中单击【居中】按钮。

(4) 在【插入】选项卡的"表格"组中单击【表格】按钮，在打开的列表中选择 6 行 9 列，插入表格。

(5) 单击表格左上角的位置句柄选择整个表格，在【开始】选项卡的"段落"组中单击【居中】按钮。

(6) 在第 1 个单元格中定位光标，在【设计】选项卡的"表格样式"组中单击【边框】按钮右侧的小箭头，在打开的列表中选择【斜下框线】选项。

(7) 选择整个表格，然后单击鼠标右键，在弹出的快捷菜单中选择【表格属性】命令，在【表格属性】对话框中选择【行】选项卡，设置行高为"1.42 厘米"(见图 3-33)；切换到【列】选项卡，设置列宽为"2.42 厘米"(见图 3-34)。

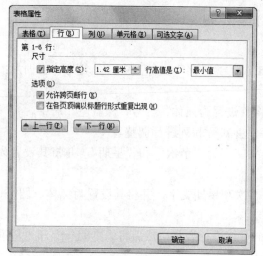

图 3-33　设置行高　　　　　　　图 3-34　设置列宽

(8) 单击【确定】按钮，更改行高与列宽。

(9) 在表格的第 1 行和第 1 列单元格中分别输入节次和星期，将文字设置为黑体、四号(左上角的文字为五号)、居中显示。

(10) 同时选择第 2 行表格的第 2 和第 3 单元格，单击鼠标右键，在快捷菜单中选择【合并单元格】命令，将其合并为一个单元格。采用同样的方法，分别将第 2～6 行中的空白单元格两个一组进行合并。

(11) 选择第 2 行最后一个单元格，单击鼠标右键，在快捷菜单中选择【拆分单元格】命令，将其拆分为 1 行 2 列。采用同样的方法，再将表格右下角的单元格进行拆分，效果如图 3-35 所示。

数学专业课程表

节次 星期	一	二	三	四	五	六	七	八
星期一								
星期二								
星期三								
星期四								
星期五								

图 3-35　合并与拆分后的表格效果

(12) 在单元格中输入学科名称、上课地点及是否必修等文字，其中学科和上课地点之间以空格分开，"(必修)"另起一行。

(13) 选择表头除外的所有单元格内容，将其设置为方正大标宋简、小四号、文本左对齐。

(14) 在第 2 行第 2 列的单元格中选择上课地点及"(必修)"文字，更改字号为小五号；然后在【开始】选项卡的"剪贴板"组中双击【格式刷】按钮复制格式，在其他单元格中的上课地点及"(必修)"文字上拖动鼠标，更改文字的大小(见图 3-36)。

数学专业课程表

节次 星期	一	二	三	四	五	六	七	八
星期一	数学分析 II　主楼 302 (必修)		英 语 II　主楼 510 (必修)		教育学　主楼 416 (必修)		听 力 主楼 610	
星期二	高代与解几 II　主楼 411 (必修)		概率统计　主楼 413 (必修)		计算机技术应用 计算机中心 220			
星期三			数学分析 II　主楼 302 (必修)		英 语 II　主楼 510 (必修)		中国近代史纲要　西 305 (必修)	
星期四	概率统计　主楼 413 (必修)		高代与解几 II　主楼 411 (必修)		计算机技术应用 计算机中心 220			
星期五	数学分析 II　主楼 302 (必修)		体 育　田径场 (必修)				听 力 主楼 610	

图 3-36　设置文字格式后的效果

(15) 按住 Ctrl 键的同时选择表格第 1 行和第 1 列中的所有单元格(左上角单元格不选)，在【设计】选项卡的"表格样式"组中单击【底纹】按钮，在打开的列表中选择草绿色。

(16) 采用同样的方法，同时选择表格中相同的学科，为其设置底纹，要求颜色各异，无课的单元格不设置底纹。

(17) 单击表格左上角的位置句柄选择整个表格，在【设计】选项卡的"绘图边框"组中打开【笔样式】列表，选择倒数第 3 个笔样式；然后在"表格样式"组中单击【边框】按钮右侧的小箭头，在打开的列表中选择【外侧框线】选项，为表格添加立体粗线外框。

(18) 在【设计】选项卡的"绘图边框"组中打开【笔划粗细】列表，选择 2.25 磅的线条；然后单击其右侧的【绘制表格】按钮，重新绘制第 1 行的下边框、第 1 列的右边框、第 5 列的右边框。

(19) 按 Ctrl + S 键保存文档。

【自主评价】

(1) 通过这个实训学会的技能： _____

_____

(2) 在这个实训中遇到的问题： _____

_____

(3) 我对这个实训的一些想法： _____

_____

【教师评价】

评　语	成　绩

实训七　制作报纸招聘广告

【实训目的】

(1) 掌握特殊格式(如首字下沉、双行合一等)的设置方法。

(2) 掌握分栏格式的设置方法。

(3) 能够灵活运用各种图形。

(4) 进一步巩固文本的常规格式设置方法。

【实训内容】

为某公司制作一份报纸招聘广告，效果如图 3-37 所示。

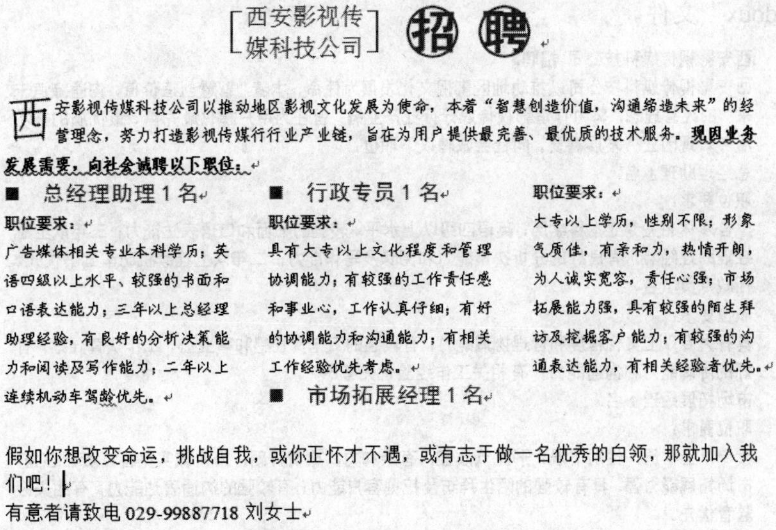

图 3-37　报纸招聘广告效果

【实训要求】

(1) 新建一个 Word 文档，将其保存在"D:\学号-姓名"文件夹中，命名为"实训七：报纸招聘广告.docx"，然后参照图 3-37 输入文字内容。

(2) 设置标题与公司简介的文字格式。

① 设置"西安影视传媒科技公司"为双行合一、宋体、一号、红色。

② 设置"招聘"为方正大黑、一号、红色、带圈增大格式。

③ 设置标题为居中显示。

④ 设置公司简介文字为仿宋体、小五号，并设置首字下沉 2 行。该段文字的最后一句设置为加粗、下划线。

(3) 设置招聘信息部分的文字格式。

① 设置招聘职位的文字为黑体、小四号、红色，并添加项目符号。

② 设置"职位要求"四个字为黑体、小五号。

③ 设置职位要求的具体内容为楷体、小五号。

④ 将招聘职位信息部分设置为三栏，每一个职位占一栏。

(4) 设置广告语和联系电话的文字格式。

① 广告语设置为隶书、小四号、倾斜，其中的关键词加着重号，参见图 3-37。

② 联系电话部分设置为黑体、五号。

③ 将最后 2 段文字适当地进行缩进设置。

(5) 绘制一个矩形，置于文字底层，填充颜色设置为"无"，然后设置形状效果为"预设 8"。

【实训步骤】

(1) 新建一个 Word 文档，将其保存在"D:\学号-姓名"文件夹中，命名为"实训七：报纸招聘广告.docx"。

(2) 在页面中输入广告的文字内容(见图 3-38)，也可以直接打开"素材"文件夹中的"报纸招聘广告.docx"文件。

西安影视传媒科技公司 招聘。

西安影视传媒科技公司以推动地区影视文化发展为使命，本着"智慧创造价值，沟通缔造未来"的经营理念，努力打造影视传媒行业产业链，旨在为用户提供最完善、最优质的技术服务。现因业务发展需要，向社会诚聘以下职位：

总经理助理 1 名。

职位要求：

广告媒体相关专业本科学历；英语四级以上水平、较强的书面和口语表达能力；三年以上总经理助理经验，有良好的分析决策能力和阅读及写作能力；二年以上连续机动车驾龄优先。

行政专员 1 名。

职位要求：

具有大专以上文化程度和管理协调能力；有较强的工作责任感和事业心，工作认真仔细；有好的协调能力和沟通能力；有相关工作经验优先考虑。

市场拓展经理 1 名。

职位要求：

大专以上学历，性别不限；形象气质佳，有亲和力，热情开朗，为人诚实宽容，责任心强；市场拓展能力强，具有较强的陌生拜访及挖掘客户能力；有较强的沟通表达能力，有相关经验者优先。

假如你想改变命运，挑战自我，或你正怀才不遇，或有志于做一名优秀的白领，那就加入我们吧！

有意者请致电 029-99887718 刘女士。

图 3-38　输入的广告文字

(3) 选择第 1 行中的文字"西安影视传媒科技公司"，在【开始】选项卡的"字体"组中设置字体为"宋体"、字号为"一号"，颜色为红色。

(4) 在【开始】选项卡的"段落"组中单击 ❌ 按钮，在打开的下拉列表中选择【双行合一】选项，弹出【双行合一】对话框；选择【带括号】选项，在【括号样式】下拉列表中选择括号的样式(见图 3-39)，单击【确定】按钮，设置标题为双行合一效果。

(5) 选择第 1 行中的文字"招聘"，在【开始】选项卡的"字体"组中设置字体为"方正大黑"、字号为"一号"，颜色为红色。

(6) 单击 ㊎ 按钮，在弹出的【带圈字符】对话框中设置选项(如图 3-40 所示)，单击【确定】按钮，将"招"字设置为带圈增大格式。采用同样的方法，将"聘"字也设置为同样的格式。

图 3-39　【双行合一】对话框

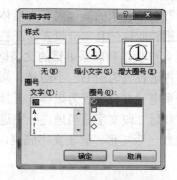

图 3-40　【带圈字符】对话框

(7) 选择第 1 行中的文字，在【开始】选项卡的"段落"组中单击【居中】按钮。

(8) 在第 2 段文字中三击鼠标，选择整个段落，在【开始】选项卡的"字体"组中设置字体为"仿宋"、字号为"小五"号；重新选择最后一句文字，单击 **B** 按钮，将其加粗，再单击 U 按钮右侧的小箭头，在打开的下拉列表中选择"波浪线条"。

(9) 在【插入】选项卡的"文本"组中单击【首字下沉】按钮，在打开的下拉列表中选择【首字下沉】选项，在弹出的【首字下沉】对话框中设置下沉行数为"2"(见图 3-41)，单击【确定】按钮，文字效果如图 3-42 所示。

图 3-41　【首字下沉】对话框　　　　　　　图 3-42　文字效果

(10) 按住 Ctrl 键的同时选择招聘职位所在的段落(第 3、6、9 段)，将其设置为黑体、小四号、红色；然后在【开始】选项卡的"段落"组中单击 ≣ 按钮右侧的三角形箭头，在打开的下拉列表中选择正方形的项目符号。

(11) 按住 Ctrl 键的同时选择"职位要求："所在的三个段落(第 4、7、10 段)，将其设置为黑体、小五号。

(12) 按住 Ctrl 键的同时选择职位要求具体内容所在的段落(第 5、8、11 段)，将其设置为楷体、小五号。

(13) 同时选择招聘职位信息部分(第 3～11 段)，在【页面布局】选项卡的"页面设置"组中单击【分栏】按钮，在打开的下拉列表中选择"三栏"，将选择的文本进行分栏，效果如图 3-43 所示。

图 3-43　分栏结果

(14) 将光标定位在第二栏中第 3 段的最后，按回车键，使每一个职位占一栏。

(15) 选择倒数第 2 段的广告语文字，将其设置为隶书、小四号；然后在【开始】选项卡的"字体"组中单击 I 按钮，将文字倾斜。

(16) 按住 Ctrl 键的同时选择倒数第 2 段中的几个关键文字："改变命运"、"挑战自我"、"怀才不遇"、"优秀的白领"。

(17) 在【开始】选项卡中单击"字体"组右下角的 按钮，打开【字体】对话框；在【字体】选项卡的【着重号】下拉列表中选择着重号，单击【确定】按钮，为选择的文字添加着重号。

(18) 选择最后一段文字，将其设置为黑体、五号。

(19) 同时选择最后两段文字，单击垂直滚动条上方的 按钮显示标尺；然后拖动水平标尺上的缩进标记，将文字适当地进行缩进(见图 3-44)。

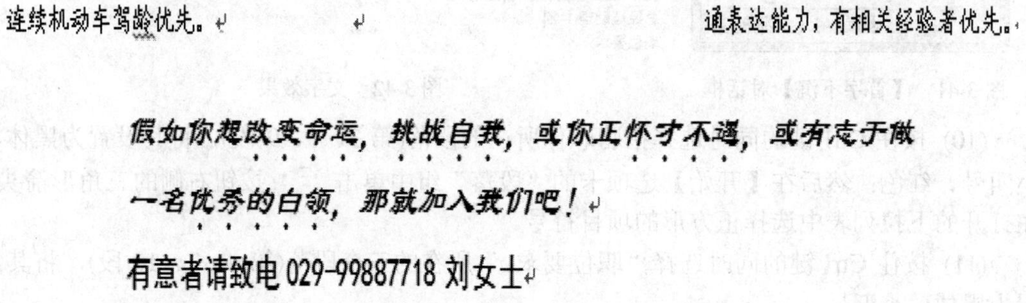

连续机动车驾龄优先。　　　　　　　　　　　　　　　通表达能力，有相关经验者优先。

假如你想改变命运，挑战自我，或你正怀才不遇，或有志于做

一名优秀的白领，那就加入我们吧！

有意者请致电 029-99887718 刘女士

图 3-44　设置缩进后的效果

(20) 在【插入】选项卡的"插图"组中单击【形状】按钮下方的三角形箭头，在打开的列表中选择"矩形"形状；然后在页面中拖动鼠标，绘制一个矩形形状，其大小以遮盖住下方的文字为准。

(21) 选择绘制的矩形，单击鼠标右键，在弹出的快捷菜单中选择【置于底层】/【衬于文字下方】命令。

(22) 在【格式】选项卡的"形状样式"组中单击【形状效果】按钮，在打开的列表中选择【预设】选项，在其子列表中选择"预设 8"；单击【形状填充】按钮，在打开的列表中选择【无填充颜色】选项，完成招聘广告的设计。

(23) 按 Ctrl + S 键保存文档。

【自主评价】

(1) 通过这个实训学会的技能：_____

_____

(2) 在这个实训中遇到的问题：_____

_____

_____

(3) 我对这个实训的一些想法：_____

_____

【教师评价】

评　　语	成　绩

实训八　制作英语考试试卷

【实训目的】

(1) 掌握纸张大小的设置方法。

(2) 掌握页边距与版心的设置方法。

(3) 掌握页眉页脚、页码的设置方法。

【实训内容】

制作一份英语考试试卷的版式(不需要输入试题内容)，效果如图 3-45 所示。

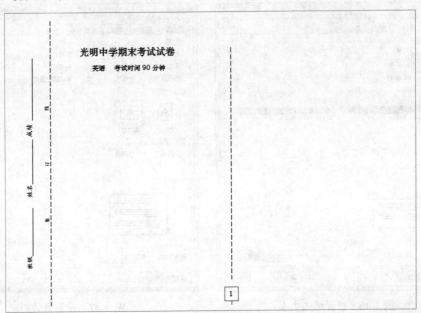

图 3-45　英语试卷的版式

【实训要求】

(1) 新建一个 Word 文档，将其保存在"D:\学号-姓名"文件夹中，命名为"实训八：英语考试试卷.docx"。

(2) 设置页面。

① 设置页面大小为 8 开，即宽度为 36.8 厘米、高度为 26 厘米。

② 设置页边距，左边距为 5 厘米，其他边距为 2.54 厘米。

③ 设置页面方向为横向。

(3) 设置页眉页脚。

① 使用文本框在页面左侧设置页眉，并画上装订线。

② 取消默认页眉的下划线。

③ 在页面底部插入页码，样式为"方框 2"，大小更改为"18"磅。

(4) 参照效果图输入试卷标题，将字体设置为"华文中宋"，大小分别为"24"磅、"16"磅。

(5) 在试卷的中间画一条垂直虚线，将其作为分隔线。

【实训步骤】

(1) 启动 Word 2010，创建一个新文档，将其保存在"D:\学号-姓名"文件夹中，命名为"实训八：英语考试试卷.docx"。

(2) 在【页面布局】选项卡的"页面设置"组中单击【纸张大小】按钮，在打开的下拉列表中选择【其他页面大小】选项，打开【页面设置】对话框；在【纸张大小】选项下设置纸张【宽度】为"36.8 厘米"、【高度】为"26 厘米"(即 8 开)，如图 3-46 所示。

(3) 切换到【页边距】选项卡，设置页边距值，并设置纸张方向为"横向"，如图 3-47 所示，单击【确定】按钮，完成页面的设置。

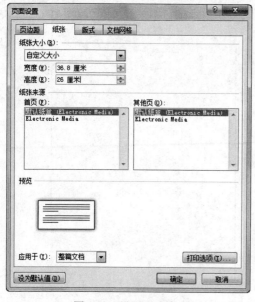

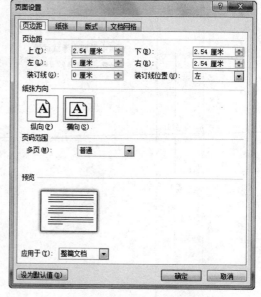

图 3-46　设置纸张大小　　　　　　　图 3-47　设置页边距

(4) 在【插入】选项卡的"页眉和页脚"组中单击【页眉】按钮，在打开的列表中选择【编辑页眉】选项，文档自动进入页眉设计状态(见图 3-48)。

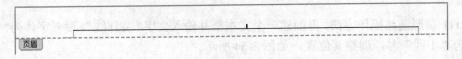

图 3-48　页眉设计状态

(5) 在【开始】选项卡的"段落"组中单击 按钮右侧的小箭头，在打开的下拉列表中选择【边框和底纹】选项，打开【边框和底纹】对话框；在【设置】中选择【无】选项，在【应用于】下拉列表中选择【段落】选项(见图 3-49)。

图 3-49　【边框和底纹】对话框

(6) 单击【确定】按钮，取消默认页眉的下划线(见图 3-50)。

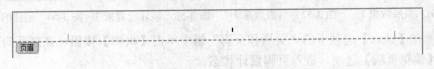

图 3-50　取消了下划线的页眉

(7) 在【插入】选项卡的"文本"组中单击【文本框】按钮，在打开的列表中选择【绘制文本框】选项；然后在页面左侧拖动鼠标，创建一个文本框，并输入文字"班级姓名成绩"，将文字设置为楷体、三号(见图 3-51)。

(8) 选择文本，在【格式】选项卡的"文本"组中单击【文字方向】按钮，在打开的下拉列表中选择【将所有文字旋转 270°】选项，更改文字的方向。

(9) 在"班级"、"姓名"和"成绩"三个词之间多次按下空格键将其分开；然后选择空格区域，在【开始】选项卡的"字体"组中单击 **U** · 按钮，添加细线下划线，效果如图 3-52 所示。

(10) 在【插入】选项卡的"插图"组中打开【形状】下拉列表，选择直线，绘制一条垂直的直线作为装订线条；然后在【格式】选项卡的"形状样式"组中单击【形状轮廓】

按钮，在打开的下拉列表中设置【粗细】为"1.5"磅，【虚线】为"长划线"，效果如图 3-53 所示。

(11) 参照前述操作方法，再创建一个文本框并输入文字"装订线"，设置字体为"宋体"、字号为"小四"号，调整其位置，如图 3-54 所示。

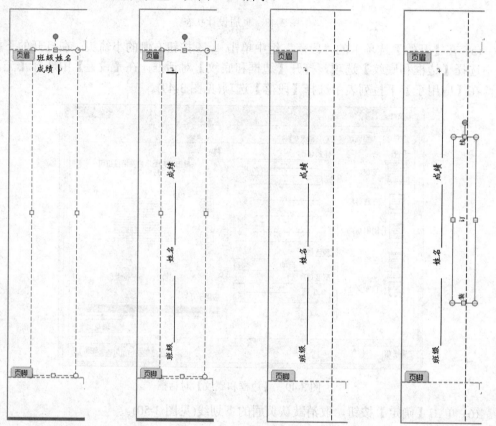

图 3-51　页眉效果 1　　图 3-52　页眉效果 2　　图 3-53　装订线效果 3　　图 3-54　创建的文本 4 框

(12) 在【插入】选项卡的"页眉和页脚"组中单击【页脚】按钮，在打开的下拉列表中选择【编辑页脚】选项，进入页脚设计状态。

(13) 在页眉和页脚的【设计】选项卡的"页眉和页脚"组中单击【页码】按钮，在打开的下拉列表中选择【页面底端】/【方框 2】样式，在页脚的中间位置插入页码，选择页码"1"，在【开始】选项卡中设置其大小为"18"磅，效果如图 3-55 所示。

图 3-55　页脚中的页码效果

(14) 在页眉和页脚的【设计】选项卡中单击【关闭】按钮，退出页眉和页脚的设计状态。

(15) 在左侧页面的中间位置分两行输入试卷标题及考试时间等内容，设置字体为"华文中宋"，大小分别为"24"磅、"16"磅(见图 3-56)。

光明中学期末考试试卷

英语　考试时间 90 分钟

图 3-56　输入的试卷标题

(16) 参照前述操作步骤，在页面的中间位置绘制一条垂直的长划线，将其作为分隔线。

【自主评价】

(1) 通过这个实训学会的技能：_____

_____

(2) 在这个实训中遇到的问题：_____

_____

(3) 我对这个实训的一些想法：_____

_____

【教师评价】

评　　语	成　绩

实训九　对产品说明书进行排版

【实训目的】

(1) 巩固页面的基本设置方法。

(2) 掌握封面与目录的插入方法。

(3) 掌握样式的创建与应用。

(4) 掌握页眉与页脚的设置方法。

(5) 学会长文档的排版技巧与预览方法。

实训内容】

根据要求对产品说明书进行排版，效果如图 3-57 所示。

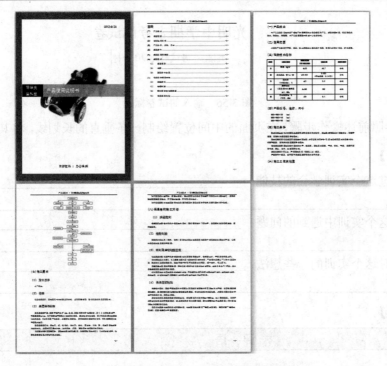

图 3-57　产品说明书排版效果

【实训要求】

(1) 打开未排版的文档"产品说明书.docx",将其重新保存在"D:\学号-姓名"文件夹中,命名为"实训九:产品说明书排版.docx"。

(2) 定义样式。

① 一级标题:黑体、三号、1.5 倍行距,段前、段后 0.5 行,编号格式为(一)。

② 二级标题:宋体、四号、多倍行距(1.25),段前、段后 10 磅,编号格式为(1)。

③ 正文样式:宋体、五号、单倍行距,首行缩进 2 字符。

(3) 使用上述定义的样式,分别设置文章中的一、二级标题和正文的格式。

(4) 页面处理。

① 设置纸张大小为"A4",上下边距为"2 厘米",左右边距为"2.5 厘米",方向为"纵向"。

② 插入"飞越型"封面,并输入标题等文字。

③ 在封面后插入一个空白页。

④ 设置页眉和页脚:封面无页眉和页脚;页眉为"产品说明书·青华美宝化工科技公司",页脚为页码,格式为"-1-"。

(5) 创建目录。

① 在大纲视图中设置文本和标题的级别。

② 自动生成目录,采用"自动目录 1"格式。

(6) 文档制作完毕,利用【文件】菜单中的【打印预览】和【打印】命令实现文档的打印预览和打印。

【实训步骤】

(1) 启动 Word 2010，按 Ctrl + O 键，打开"素材"文件夹中的"产品说明书.docx"。

(2) 在【文件】选项卡中执行【另存为】命令，将其重新保存在"D:\学号-姓名"文件夹中，命名为"实训九：产品说明书排版.docx"。

(3) 在【开始】选项卡的"样式"组中单击右下角的 按钮，打开【样式】任务窗格，单击左下角的【新建样式】按钮，打开【根据格式设置创建新样式】对话框，设置【名称】为"一级标题"，【样式类型】为"段落"，然后设置文字格式(见图 3-58)。

(4) 单击对话框左下角的【格式】按钮，在弹出的菜单中选择【段落】命令，在打开的【段落】对话框中设置选项(见图 3-59)。

图 3-58　【根据格式设置创建新样式】对话框　　　　图 3-59　【段落】对话框

(5) 单击【确定】按钮，返回上一级对话框，单击【格式】按钮，在弹出的菜单中选择【编号】命令，在打开【编号和项目符号】对话框中设置选项(见图 3-60)。

(6) 依次单击【确定】按钮，关闭所有对话框，完成一级标题样式的设置。在【样式】任务窗格中可以看到新创建的"一级标题"样式(见图 3-61)。

图 3-60　【编号和项目符号】对话框　　　　图 3-61　新创建的样式

(7) 采用同样的方法，创建"二级标题"样式，选项设置如图 3-62 所示。

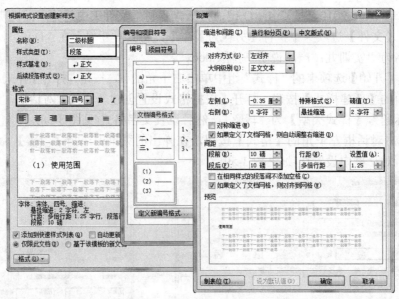

图 3-62 "二级标题"样式的选项设置

(8) 采用同样的方法，继续创建"正文样式"样式，选项设置如图 3-63 所示。

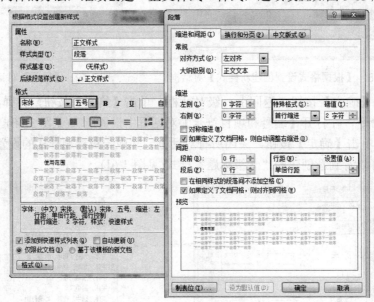

图 3-63 "正文样式"样式的选项设置

(9) 按住 Ctrl 键的同时在文档中选择加粗显示(例如"一、产品特点")的 8 个标题段落，在【样式】任务窗格中单击"一级标题"样式，为其应用一级标题样式。

(10) 采用同样的方法，对七、八部分中的二级标题应用"二级标题"样式；为正文文字(表格除外)应用"正文样式"样式；然后关闭【样式】任务窗格。

(11) 在【页面布局】选项卡的"页面设置"组中单击右下角的 按钮，打开【页面设置】对话框，在【页边距】选项卡中设置参数(如图 3-64 所示)；切换到【纸张】选项卡中，设置【纸张大小】为"A4 210×297 mm"，然后单击【确定】按钮，完成页面的设置。

(12) 在【插入】选项卡的"页"组中单击【封面】按钮，在打开的下拉列表中选择"飞越型"封面，为文档插入封面，效果如图 3-65 所示。

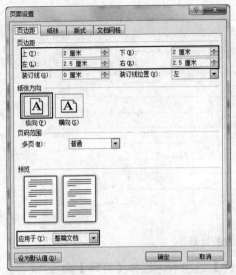

图 3-64　【页面设置】对话框　　　　　　　图 3-65　插入的封面

(13) 参照排版效果图在封面的占位符中分别输入标题、单位等文字信息。

(14) 在【插入】选项卡的"页眉和页脚"组中单击【页眉】按钮，在打开的列表中选择【编辑页眉】选项，进入页眉编辑状态；在页眉处输入文字"产品说明书·青华美宝化工科技公司"。

(15) 在【设计】选项卡的"导航"组中单击【转至页脚】按钮，进入页脚编辑状态；在"页眉和页脚"组中单击【页码】按钮，在打开的下拉列表中选择【页面底端】/【普通数字 2】选项，为页脚插入页码。

(16) 在页眉和页脚的【设计】选项卡中单击【关闭】按钮，退出页眉和页脚的编辑状态。

(17) 将光标定位在第 1 页中"产品特点"的左侧，在【插入】选项卡的"页"组中单击【空白页】按钮，则在封面的后面插入了一个空白页。

(18) 在【视图】选项卡的"文档视图"组中单击【大纲视图】按钮，切换到大纲视图中；然后依次选择一级标题，在【大纲】选项卡的"大纲工具"组中设置为"1 级"(见图 3-66)。

图 3-66　定义大纲级别

(19) 采用同样的方法，将所有的二级标题设置为"2 级"。

(20) 将光标定位在插入的空白页中，在【引用】选项卡的"目录"组中单击【目录】按钮，在打开的下拉列表中选择"自动目录 1"格式，则在指定的位置生成目录(见图 3-67)。

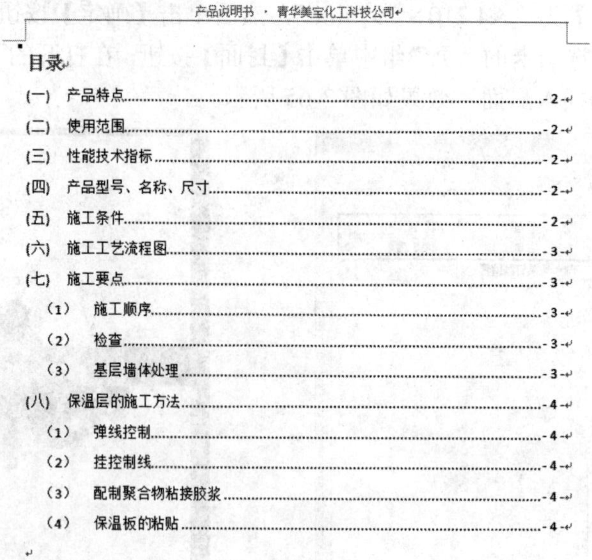

产品说明书 · 青华美宝化工科技公司

目录

(一) 产品特点 - 2 -
(二) 使用范围 - 2 -
(三) 性能技术指标 - 2 -
(四) 产品型号、名称、尺寸 - 2 -
(五) 施工条件 - 2 -
(六) 施工工艺流程图 - 3 -
(七) 施工要点 - 3 -
(1) 施工顺序 - 3 -
(2) 检查 - 3 -
(3) 基层墙体处理 - 3 -
(八) 保温层的施工方法 - 4 -
(1) 弹线控制 - 4 -
(2) 挂控制线 - 4 -
(3) 配制聚合物粘接胶浆 - 4 -
(4) 保温板的粘贴 - 4 -

图 3-67 生成的目录

(21) 完成了文档的排版以后，切换到【文件】选项卡，选择【打印】命令(或者在快速访问工具栏中单击【打印预览和打印】按钮)，在窗口的右侧可以预览到文档的打印效果。

(22) 按 Ctrl + S 键保存文档。

【自主评价】

(1) 通过这个实训学会的技能：________________________________

____

(2) 在这个实训中遇到的问题：________________________________

____

(3) 我对这个实训的一些想法：________________________________

____

【教师评价】

评　语	成　绩

第 4 章 Excel 2010 表格处理

实训一 制作产品销售表

【实训目的】

(1) 掌握启动和退出 Excel 的操作方法。

(2) 熟悉 Excel 的工作界面,理解工作簿、工作表和单元格的概念。

(3) 熟练掌握 Excel 工作簿的建立和保存方法。

(4) 熟练掌握数据录入方法。

【实训内容】

制作一个产品销售表,练习数据的录入,效果如图 4-1 所示。

	A	B	C	D	E	F	G	H
1	某电器公司上半年产品销售表(单位:元)							
2	制表日期	2013/6/17						
3	产品编号	类别	一月	二月	三月	四月	五月	六月
4	001	平板电视	53680	62780	57860	62480	58680	75000
5	002	洗衣机	75600	83650	68340	74650	69800	87350
6	003	电冰箱	43520	65340	87500	76800	67560	73580
7	004	笔记本电脑	65460	58700	64560	54560	78300	65000
8	005	数码相机	89050	108500	79580	93480	86750	88760
9	006	空调	108050	98650	76540	68570	65480	79850
10	007	手机	87960	97680	109800	89650	97650	118500

图 4-1 产品销售表效果图

【实训要求】

(1) 新建一个工作簿文件,将其保存在 "D:\学号-姓名" 文件夹中,命名为 "实训一:产品销售表.xlsx",然后关闭该文件。

(2) 重新打开创建的 "实训一:产品销售表.xlsx" 文件,在 Sheet1 工作表中输入如图 4-1 所示的内容。

① 在 A1 单元格中输入表格标题。

② 在 A2 单元格中输入 "制表日期",在 B2 单元格中输入系统当前日期。

③ 在第 3 行中使用自动填充功能输入月份。

④ 在 A4~A10 单元格中使用自动填充功能输入产品编号(该编号是数字字符串)。

⑤　参照效果图输入产品及销售额。

(3)　将 Sheet1 中的表格内容复制到 Sheet2 的相同区域中，并将 Sheet2 重新命名为"销售表"。

【实训步骤】

(1)　启动 Excel 2010。

(2)　按 Ctrl + S 键，将工作簿保存在"D:\学号-姓名"文件夹中，命名为"实训一：产品销售表.xlsx"，然后单击标题栏右侧的【关闭】按钮 ，退出 Excel。

(3)　重新启动 Excel 2010，在【文件】选项卡中将光标指向【最近所用文件】命令，在其子菜单中选择【实训一：产品销售表.xlsx】命令，打开刚才创建的新文件。

小贴士

　　打开文件的方法有很多，常用的打开方法是执行【文件】选项卡中的【打开】命令，而使用实训步骤中的方法打开文件更快速，但这只适合最近操作过的文件。另外，在【计算机】窗口中直接双击要打开的 Excel 文件同样可以打开。

(4)　在 A1 单元格中单击鼠标，输入表格标题。

(5)　在 A2 单元格中输入文字"制表日期"；然后按键盘中的 Tab 键进入 B2 单元格，再按 Ctrl + ; 键输入系统当前日期。

(6)　在第 3 行的前三个单元格中分别输入"产品编号"、"类别"和"一月"；然后将光标指向"一月"所在的 C3 单元格右下角的填充柄，拖动鼠标至 H3 单元格处，自动填充月份(见图 4-2)。

	A	B	C	D	E	F	G	H
1	某电器公司上半年产品销售表（单位:元）							
2	制表日期	2013/6/17						
3	产品编号	类别	一月	二月	三月	四月	五月	六月
4								

图 4-2　自动填充月份

(7)　在 A4 单元格中输入"'001"，则输入的数字为数字字符串，并在单元格中居左显示。采用同样的方法，在 A5 单元格中输入"'002"。

小贴士

　　在输入编号时需要特别注意，如果直接输入编号，Excel 会默认为数字，例如输入"001"，最终会显示"1"，并且居右显示，所以在输入时要先输入一个半角符号"'"，然后再输入编号，这样输入的编号才被认为是字符。

(8)　拖动鼠标的同时选择 A4 和 A5 单元格，然后拖动填充柄至 A10 单元格处，自动填充其他产品编号。

(9)　参照效果图输入产品及销售额，输入时通过按键盘中的 Tab 键或方向键跳转到相应的单元格中。

(10) 单击工作表左上角的全选按钮　　，选择工作表中的所有内容，按 Ctrl + C 键复制选择的内容。

(11) 单击工作簿左下方的 "Sheet2" 工作表标签，切换到该工作表中，这时 A1 单元格自动处于选择状态，按 Ctrl + V 键粘贴复制的内容。

(12) 在 Sheet2 名称上双击鼠标，激活工作表名称，输入新名称 "销售表"，然后按回车键确认。

(13) 按 Ctrl + S 键保存对工作簿所做的修改。

【自主评价】

(1) 通过这个实训学会的技能： _____

_____

(2) 在这个实训中遇到的问题： _____

_____

(3) 我对这个实训的一些想法： _____

_____

【教师评价】

评　语	成　绩

实训二　格式化员工工资统计表

【实训目的】

(1) 掌握单元格的合并操作方法。

(2) 掌握单元格格式的设置方法。

(3) 掌握行高与列宽的设置方法。

(4) 掌握单元格边框与填充的设置方法。

【实训内容】

制作员工工资统计表，并对表格进行格式化设置，效果如图 4-3 所示。

员工工资统计表							
编号	姓名	工作时间	基本工资	奖金	加班工资	通讯补贴	应发工资
001	郑琬如	1994年7月28日	¥2,500	¥1,500	¥100	¥200	
002	李宝岩	2000年6月5日	¥1,900	¥2,050	¥300	¥200	
003	郭希希	1996年7月3日	¥2,300	¥2,100	¥0	¥200	
004	刘瑞玉	1998年6月8日	¥2,000	¥1,700	¥0	¥200	
005	张龙文	2003年5月12日	¥1,800	¥1,900	¥400	¥200	
006	王玉尧	2000年1月20日	¥2,100	¥2,150	¥300	¥200	
007	孙博学	1993年4月21日	¥3,000	¥2,300	¥200	¥400	
008	赵新亮	1998年6月15日	¥2,400	¥3,000	¥0	¥200	
009	王晓璐	1997年7月23日	¥2,600	¥1,650	¥0	¥200	
010	杨迅	2001年9月5日	¥1,800	¥2,400	¥400	¥200	

图 4-3　员工工资统计表效果图

【实训要求】

(1) 新建一个工作簿文件,将其保存在"D:\学号-姓名"文件夹中,命名为"实训二:员工工资统计表.xlsx"。

(2) 参照效果图在 Sheet1 工作表中输入文字内容。

(3) 设置行高与列宽。

① 行高:第 1 行为 30,第 2~12 行为 20。

② 列宽:第 1 列为 4,第 2 列为 8,第 3 列为 16,第 4~8 列为 10。

③ 将单元格区域 A1:H1 合并为一个。

(4) 设置单元格的内容格式。

① 第 1 行:黑体、18 磅、加粗。

② 第 2 行:黑体、11 磅、居中显示。

③ 其他文字:华文中宋、11 磅。

④ 参照效果图设置日期格式和数字格式。

(5) 设置单元格的边框与底纹理。

① 外边框与第 1 行下边框:粗线。

② 内边框:细线。

③ 填充设置:第 1 行淡粉色,第 2 行淡黄色,其他行淡青色。

【实训步骤】

(1) 启动 Excel 2010。

(2) 按 Ctrl + S 键,将工作簿保存在"D:\学号-姓名"文件夹中,命名为"实训二:员工工资统计表.xlsx"。

(3) 在 Sheet1 工作表中输入表格内容(见图 4-4)。

(4) 在行号 1 上单击鼠标右键,在弹出的快捷菜单中选择【行高】命令,在打开的【行高】对话框中设置行高为"30"(见图 4-5)。

	A	B	C	D	E	F	G	H
1	员工工资统计表							
2	编号	姓名	工作时间	基本工资	奖金	加班工资	通讯补贴	应发工资
3	001	郑琬如	1994/7/28	2500	1500	100	200	
4	002	李宝岩	2000/6/5	1900	2050	300	200	
5	003	郭希希	1996/7/3	2300	2100	0	200	
6	004	刘瑞玉	1998/6/8	2000	1700	0	200	
7	005	张龙文	2003/5/12	1800	1900	400	200	
8	006	王玉尧	2000/1/20	2100	2150	300	200	
9	007	孙博学	1993/4/21	3000	2300	200	400	
10	008	赵新亮	1998/6/15	2400	3000	0	200	
11	009	王晓璐	1997/7/23	2600	1650	0	200	
12	010	杨迅	2001/9/5	1800	2400	400	200	

图 4-4　输入的表格内容　　　　　　　　　图 4-5　【行高】对话框

(5) 在行号 2～12 上拖动鼠标选择多行，参照(4)中的方法，将行高设置为"20"。

(6) 在列标 A 上单击鼠标右键，在弹出的快捷菜单中选择【列宽】命令，在打开的【列宽】对话框中设置列宽为"4"。采用同样的方法，设置 B 列为"8"，C 列为"16"，D～H 列为"10"。

(7) 拖动鼠标的同时选择 A1：H1 单元格，在【开始】选项卡的"对齐方式"组中单击【合并后居中】按钮，将其合并为一个单元格，并使内容居中显示。

(8) 选择 A1 单元格，在【开始】选项卡的"字体"组中设置字体为"黑体"、字号为"18"磅，然后单击 **B** 按钮将其加粗(见图 4-6)。

图 4-6　设置字体属性

(9) 选择第 2 行，在"字体"组中设置字体为"黑体"、字号为"11"磅；然后在"对齐方式"组中单击 ▤ 按钮，将文字居中显示。

(10) 同时选择表格中的 A3：H12 单元格，设置字体为"华文中宋"、字号为"11"磅，此时的表格效果如图 4-7 所示。

	A	B	C	D	E	F	G	H
1				员工工资统计表				
2	编号	姓名	工作时间	基本工资	奖金	加班工资	通讯补贴	应发工资
3	001	郑琬如	1994/7/28	2500	1500	100	200	
4	002	李宝岩	2000/6/5	1900	2050	300	200	
5	003	郭希希	1996/7/3	2300	2100	0	200	
6	004	刘瑞玉	1998/6/8	2000	1700	0	200	
7	005	张龙文	2003/5/12	1800	1900	400	200	
8	006	王玉尧	2000/1/20	2100	2150	300	200	
9	007	孙博学	1993/4/21	3000	2300	200	400	
10	008	赵新亮	1998/6/15	2400	3000	0	200	
11	009	王晓璐	1997/7/23	2600	1650	0	200	
12	010	杨迅	2001/9/5	1800	2400	400	200	

图 4-7　表格效果

(11) 同时选择表格中的 C3：C12 单元格，在【开始】选项卡的"数字"组中打开【日期】下拉列表，选择【长日期】选项。

(12) 同时选择表格中的 D3：H12 单元格，单击鼠标右键，在弹出的快捷菜单中选择【设置单元格格式】命令，在打开的【设置单元格格式】对话框中设置格式，如图 4-8 所示。

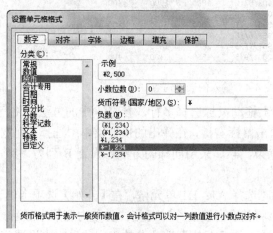

图 4-8 【设置单元格格式】对话框

(13) 单击【确定】按钮，设置数字格式(见图 4-9)。

编号	姓名	工作时间	基本工资	奖金	加班工资	通讯补贴	应发工资
			员工工资统计表				
001	郑璇如	1994年7月28日	¥2,500	¥1,500	¥100	¥200	
002	李宝岩	2000年6月5日	¥1,900	¥2,050	¥300	¥200	
003	郭希希	1996年7月3日	¥2,300	¥2,100	¥0	¥200	
004	刘瑞玉	1998年6月8日	¥2,000	¥1,700	¥0	¥200	
005	张龙文	2003年5月12日	¥1,800	¥1,900	¥400	¥200	
006	王玉尧	2000年1月20日	¥2,100	¥2,150	¥300	¥200	
007	孙博学	1993年4月21日	¥3,000	¥2,300	¥200	¥400	
008	赵新亮	1998年6月15日	¥2,400	¥3,000	¥0	¥200	
009	王晓璐	1997年7月23日	¥2,600	¥1,650	¥0	¥200	
010	杨迅	2001年9月5日	¥1,800	¥2,400	¥400	¥200	

图 4-9 设置数字格式后的效果

(14) 选择 A1 单元格，在【开始】选项卡的"字体"组中单击 田▾ 按钮，在打开的下拉列表中选择【粗匣框线】选项；再单击 ▾ 按钮，在下拉列表中选择淡粉色作为填充色。

(15) 选择 A2：H12 单元格，在【开始】选项卡的"字体"组中单击 田▾ 按钮，在打开的下拉列表中选择【所有框线】选项；然后再次单击 田▾ 按钮，在打开的下拉列表中选择【粗匣框线】选项。

(16) 继续在【开始】选项卡的"字体"组中单击 ▾ 按钮，在下拉列表中选择淡青色作为填充色，此时的表格效果如图 4-10 所示。

(17) 同时选择 A2：H2 单元格，在【开始】选项卡的"字体"组中单击 ▾ 按钮，更改填充色为淡黄色。

(18) 按 Ctrl + S 键保存对文件所做的修改。

图 4-10　表格效果

【自主评价】

(1) 通过这个实训学会的技能：＿＿＿＿＿＿＿＿＿＿＿＿＿＿＿＿＿＿＿＿＿

＿＿＿＿＿＿＿＿＿＿＿＿＿＿＿＿＿＿＿＿＿＿＿＿＿＿＿＿＿＿＿＿＿＿＿＿＿

(2) 在这个实训中遇到的问题：＿＿＿＿＿＿＿＿＿＿＿＿＿＿＿＿＿＿＿＿＿＿

＿＿＿＿＿＿＿＿＿＿＿＿＿＿＿＿＿＿＿＿＿＿＿＿＿＿＿＿＿＿＿＿＿＿＿＿＿

(3) 我对这个实训的一些想法：＿＿＿＿＿＿＿＿＿＿＿＿＿＿＿＿＿＿＿＿＿＿

＿＿＿＿＿＿＿＿＿＿＿＿＿＿＿＿＿＿＿＿＿＿＿＿＿＿＿＿＿＿＿＿＿＿＿＿＿

【教师评价】

评　　语	成　　绩

实训三　制作学生成绩表

【实训目的】

(1) 学习单元格的引用方法。

(2) 掌握公式的表达方法。

(3) 熟悉常用函数的使用方法。

(4) 了解图表的制作过程。

【实训内容】

制作一个学生成绩表，并对其中的数据进行计算，效果如图 4-11 所示。

学生成绩表										
学号	姓名	性别	语文	数学	外语	物理	化学	生物	总成绩	平均分	总评
351049	王为	男	95	93	94	93	75	81	531	88.5	良好
351029	张可新	男	89	94	99	98	80	83	543	90.5	优秀
351041	许佳	女	85	93	92	81	79	92	522	87.0	良好
351033	马腾飞	男	68	91	76	86	83	67	471	78.5	及格
351014	韩文博	男	92	89	90	67	76	78	492	82.0	良好
351027	王雪	女	82	87	95	90	74	85	513	85.5	良好
351052	赵玉起	女	88	92	93	90	99	79	541	90.2	优秀
351011	李晓玉	女	98	65	88	57	86	88	482	80.3	良好
351026	刘浩	男	91	92	86	79.5	73	89	510.5	85.1	良好
351047	张一成	男	80	55	96	78	85	64	458	76.3	及格
351046	张涵	女	70	92	93	86	84	80	505	84.2	良好
351043	刘民乐	男	60	50	60	69	60	58	357	59.5	不及格

```
平均分      83.17 82.75 88.5 81.21 79.5 78.67
最高分      98    94    99   98    99   92
最低分      60    50    60   57    60   58
总人数      12
不及格人数  0     2     0    1     0    1
```

图 4-11　学生成绩表效果图

【实训要求】

(1) 打开"学生成绩表.xlsx",计算出每人的总成绩、平均分和总评。

① 总成绩 = 语文 + 数学 + 外语 + 物理 + 化学 + 生物。

② 平均分 = 总成绩 ÷ 6。

③ 总评:90≤平均分≤100,优秀;80≤平均分<90,良好;60≤平均分<80,及格;否则,不及格。

(2) 对整体成绩进行分析。

① 计算每科的平均分、最高分、最低分。

② 计算参加考试的"总人数"以及各科的"不及格人数"。

(3) 根据"学生成绩表"制作图表,将其放置在 Sheet2 工作表中。图表布局使用"布局 5",图表标题为"学生成绩图表",纵坐标轴标题为"分数"(见图 4-12)。

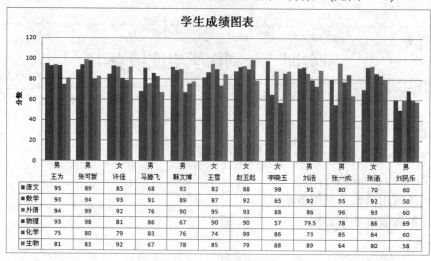

图 4-12　学生成绩图表

【实训步骤】

(1) 启动 Excel 2010，按 Ctrl + O 键，打开"素材"文件夹中的"学生成绩表.xlsx"(见图 4-13)。

学号	姓名	性别	语文	数学	外语	物理	化学	生物	总成绩	平均分	总评
351049	王为	男	95	93	94	93	75	81			
351029	张可新	男	89	94	99	98	80	83			
351041	许佳	女	85	93	92	81	79	92			
351033	马麟飞	男	68	91	76	86	83	67			
351014	韩文博	男	92	89	90	67	76	78			
351027	王雪	女	82	87	95	90	74	85			
351052	赵玉起	女	88	92	93	90	99	79			
351011	李晓玉	女	98	65	88	57	86	88			
351026	刘洁	男	91	92	86	79.5	73	89			
351047	张一成	男	80	55	96	78	85	64			
351046	张涵	女	70	92	93	86	84	80			
351043	刘民乐	男	60	50	60	69	60	58			
平均分											
最高分											
最低分											
总人数											
不及格人数											

图 4-13　打开的学生成绩表

(2) 在 J3 单元格中定位光标，输入"="，然后输入"D3+E3+F3+G3+H3+I3"，按回车键得到求和结果。

小贴士

在这里我们使用公式对"总成绩"进行了求和计算，实际上更简单的方法是使用"自动求和"函数 ，使用该函数时，Excel 将自动对其左侧或上方的数据区域进行求和。

(3) 拖动 J3 单元格的填充柄至 J14 单元格处，自动复制公式并出现计算结果。

(4) 在 K3 单元格中定位光标，在【公式】选项卡的"函数库"组中单击 Σ 按钮下方的小箭头，在打开的列表中选择【平均】选项；然后选择 D3:I3 单元格区域，按回车键，求平均结果。

小贴士

这里要特别注意，选择"平均"选项后，系统会将 K3 单元格左侧的所有数据区域进行自动求平均计算，但这里面包括了 J3 单元格中的总成绩，因此不能直接按回车键确认计算，需要重新选择数据区域为 D3:I3。另外，也可以在 K3 单元格中直接输入公式" = J3/6"。

(5) 拖动 K3 单元格的填充柄至 K14 单元格处，自动复制函数并出现计算结果。

(6) 在 L3 单元格中单击鼠标，输入公式内容"=IF(K3>=90,"优秀",IF(K3>=80,"良好",IF(K3>=60,"及格","不及格")))"，按回车键，单元格中将直接显示总评结果，而编辑框中显示的是公式(见图 4-14)。

| L3 | | fx | =IF(K3)=90,"优秀",IF(K3)=80,"良好",IF(K3)=60,"及格","不及格"))) |

	A	B	C	D	E	F	G	H	I	J	K	L
1							学生成绩表					
2	学号	姓名	性别	语文	数学	外语	物理	化学	生物	总成绩	平均分	总评
3	351049	王为	男	95	93	94	93	75	81	531	88.5	良好
4	351029	张可新	男	89	94	99	98	80	83	543	90.5	
5	351041	许佳	女	85	93	92	81	79	92	522	87.0	
6	351033	马滕飞	男	68	91	76	86	83	67	471	78.5	
7	351014	韩文博	男	92	89	90	67	76	78	492	82.0	
8	351027	王雪	女	82	87	95	90	74	85	513	85.5	
9	351052	赵玉起	女	88	92	93	90	99	79	541	90.2	
10	351011	李晓玉	女	98	65	88	57	86	88	482	80.3	
11	351026	刘浩	男	91	92	86	79.5	73	89	510.5	85.1	
12	351047	张一成	男	80	55	96	78	85	64	458	76.3	
13	351046	张涵	女	70	92	93	86	84	80	505	84.2	
14	351043	刘民乐	男	60	50	60	69	60	58	357	59.5	

图 4-14　输入总评公式

(7) 拖动 L3 单元格的填充柄至 L14 单元格处，自动复制公式并出现总评结果。

接下来对表格中的整体成绩进行分析，将分析结果放置在成绩表的下方(见图 4-15)。

13	351046	张涵	女	70	92	93	86	84	80	505	84.2	良好
14	351043	刘民乐	男	60	50	60	69	60	58	357	59.5	不及格
15												
16		平均分										
17		最高分										
18		最低分										
19		总人数										
20		不及格人数										

图 4-15　要分析的项目

(8) 将光标定位在 D16 单元格中，在【公式】选项卡的"函数库"组中单击 Σ 按钮下方的小箭头，在打开的列表中选择【平均】选项，对其上方的数据区域求平均，按回车键后显示语文学科的平均分。

(9) 拖动 D16 单元格的填充柄至 I16 单元格处，自动复制函数并出现各学科的平均分。

(10) 将光标定位在 D17 单元格中，在"函数库"组中单击 Σ 按钮下方的小箭头，在打开的列表中选择【最大值】选项；然后选择 D3:D14 单元格区域，按回车键后显示语文学科的最高分。

(11) 拖动 D17 单元格的填充柄至 I17 单元格处，自动复制函数并出现各学科的最高分。

(12) 将光标定位在 D18 单元格中，在"函数库"组中单击 Σ 按钮下方的小箭头，在打开的列表中选择【最小值】选项；然后选择 D3:D14 单元格区域，按回车键后显示语文学科的最低分。

(13) 拖动 D18 单元格的填充柄至 I18 单元格处，自动复制函数并出现各学科的最低分。

(14) 将光标定位在 D19 单元格中，在"函数库"组中单击 Σ 按钮下方的小箭头，在打开的列表中选择【计数】选项；然后选择 D3:D14 单元格区域，按回车键后显示学生的总人数。

(15) 将光标定位在 D20 单元格中，输入公式"=COUNTIF(D3:D14,"<60")"，按回车键后显示语文学科的不及格人数。

(16) 拖动 D20 单元格的填充柄至 I20 单元格处，自动复制函数并出现各学科的不及格人数(见图 4-16)。

15							
16	平均分	83.17	82.75	88.5	81.21	79.5	78.67
17	最高分	98	94	99	98	99	92
18	最低分	60	50	60	57	60	58
19	总人数	12					
20	不及格人数	0	2	0	1	0	1

图 4-16　成绩分析结果

(17) 在成绩表中同时选择 B2:I4 区域，在【插入】选项卡的"图表"组中单击 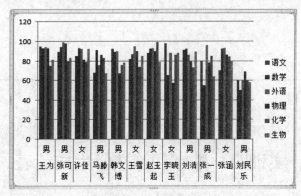 按钮，在打开的下拉列表中选择第 1 种二维柱形图，生成一个图表(见图 4-17)。

图 4-17　生成的图表

(18) 在【设计】选项卡的"图表布局"组中单击右下角的 ▽ 按钮，在打开的下拉列表中选择【布局 5】选项。

(19) 在图表中输入图表标题"学生成绩图表"，再输入纵坐标标题"分数"，然后将图表进行适当放大。

(20) 在【设计】选项卡的"位置"组中单击【移动图表】按钮，在弹出的【移动图表】对话框中的【对象位于】下拉列表中选择【Sheet2】选项(见图 4-18)，然后单击【确定】按钮，将图表移动到 Sheet2 工作表中。

图 4-18　【移动图表】对话框

(21) 按 Ctrl+S 键保存对文件所做的修改。

【自主评价】

(1) 通过这个实训学会的技能：_____

(2) 在这个实训中遇到的问题：_____

_____

(3) 我对这个实训的一些想法：_____

_____

【教师评价】

评　语	成　绩

实训四　排序和筛选学生成绩表

【实训目的】

(1) 了解 Excel 的数据库管理功能。

(2) 掌握数据记录的排序方法。

(3) 掌握数据记录的筛选(自动筛选和高级筛选)方法。

【实训内容】

(1) 在"实训三：学生成绩表.xlsx"的基础上完成排序操作。

(2) 在"实训三：学生成绩表.xlsx"的基础上完成筛选操作。

【实训要求】

(1) 将完成的"实训三：学生成绩表.xlsx"中的内容复制到 4 个新表中，并将复制所得的新表分别重命名为"排序"、"自动筛选"、"自定义筛选"和"高级筛选"。

(2) 在"排序"工作表中，以"数学"为关键字按递减方式排序。若数学成绩相同，则按"语文"递减排序，效果如图 4-19 所示。

(3) 在"自动筛选"工作表中，筛选出"英语"排在前三名的学生，效果如图 4-20 所示。

(4) 在"自定义筛选"工作表中，筛选出"平均分"在 80～90 分之间的学生，效果如图 4-21 所示。

(5) 在"高级筛选"工作表中，筛选出至少有一门课程不及格的学生(在输入筛选条件时，输入到同一行中表示"且"的关系，输入到不同行中表示"或"的关系)，效果如图 4-22 所示。

	学生成绩表										
学号	姓名	性别	语文	数学	外语	物理	化学	生物	总成绩	平均分	总评
351029	张可新	男	89	94	99	98	80	83	543	90.5	优秀
351049	王为	男	95	93	94	93	75	81	531	88.5	良好
351041	许佳	女	85	93	92	81	79	92	522	87.0	良好
351026	刘浩	男	91	92	86	79.5	73	89	510.5	85.1	良好
351052	赵玉起	女	88	92	93	90	99	79	541	90.2	优秀
351046	张涵	女	70	92	93	86	84	80	505	84.2	良好
351033	马腾飞	男	68	91	76	86	83	67	471	78.5	及格
351014	韩文博	男	92	89	90	67	76	78	492	82.0	良好
351027	王雪	女	82	87	95	90	74	85	513	85.5	良好
351011	李晚玉	女	98	65	88	57	86	88	482	80.3	良好
351047	张一成	男	80	55	96	78	85	64	458	76.3	及格
351043	刘民乐	男	60	50	60	69	60	58	357	59.5	不及格

图 4-19　排序效果

	学生成绩表										
学号	姓名	性别	语文	数学	外语	物理	化学	生物	总成绩	平均分	总评
351029	张可新	男	89	94	99	98	80	83	543	90.5	优秀
351047	张一成	男	80	55	96	78	85	64	458	76.3	及格
351027	王雪	女	82	87	95	90	74	85	513	85.5	良好

图 4-20　自动筛选效果

	学生成绩表										
学号	姓名	性别	语文	数学	外语	物理	化学	生物	总成绩	平均分	总评
351049	王为	男	95	93	94	93	75	81	531	88.5	良好
351041	许佳	女	85	93	92	81	79	92	522	87.0	良好
351014	韩文博	男	92	89	90	67	76	78	492	82.0	良好
351027	王雪	女	82	87	95	90	74	85	513	85.5	良好
351011	李晚玉	女	98	65	88	57	86	88	482	80.3	良好
351026	刘浩	男	91	92	86	79.5	73	89	510.5	85.1	良好
351046	张涵	女	70	92	93	86	84	80	505	84.2	良好

图 4-21　自定义筛选效果

	学生成绩表										
学号	姓名	性别	语文	数学	外语	物理	化学	生物	总成绩	平均分	总评
351049	王为	男	95	93	94	93	75	81	531	88.5	良好
351029	张可新	男	89	94	99	98	80	83	543	90.5	优秀
351041	许佳	女	85	93	92	81	79	92	522	87.0	良好
351033	马腾飞	男	68	91	76	86	83	67	471	78.5	及格
351014	韩文博	男	92	89	90	67	76	78	492	82.0	良好
351027	王雪	女	82	87	95	90	74	85	513	85.5	良好
351052	赵玉起	女	88	92	93	90	99	79	541	90.2	优秀
351011	李晚玉	女	98	65	88	57	86	88	482	80.3	良好
351026	刘浩	男	91	92	86	79.5	73	89	510.5	85.1	良好
351047	张一成	男	80	55	96	78	85	64	458	76.3	及格
351046	张涵	女	70	92	93	86	84	80	505	84.2	良好
351043	刘民乐	男	60	50	60	69	60	58	357	59.5	不及格
			语文	数学	外语	物理	化学	生物			
			<60								
				<60							
					<60						
						<60					
							<60				
								<60			
学号	姓名	性别	语文	数学	外语	物理	化学	生物	总成绩	平均分	总评
351011	李晚玉	女	98	65	88	57	86	88	482	80.3	良好
351047	张一成	男	80	55	96	78	85	64	458	76.3	及格
351043	刘民乐	男	60	50	60	69	60	58	357	59.5	不及格

图 4-22　高级筛选效果

【实训步骤】

(1) 启动 Excel 2010，按 Ctrl + O 键，打开实训三中完成的"学生成绩表.xlsx"文件，然后删除表格下方的内容(只保留一个表格)，见图 4-23。

(2) 在 Sheet1 工作表标签上单击鼠标右键，在弹出的快捷菜单中选择【移动或复制】命令，在打开的【移动或复制工作表】对话框中勾选【建立副本】选项，然后设置其他选项，见图 4-24。

学生成绩表										
学号	姓名	性别	语文	数学	外语	物理	化学	生物	总成绩	平均分	总评
351049	王为	男	95	93	94	93	75	81	531	88.5	良好
351029	张可新	男	89	94	99	98	80	83	543	90.5	优秀
351041	许佳	女	85	93	92	81	79	92	522	87.0	良好
351033	马腾飞	男	68	91	76	86	83	67	471	78.5	及格
351014	韩文博	男	92	89	90	67	76	78	492	82.0	良好
351027	王雷	女	82	87	95	90	74	85	513	85.5	良好
351052	赵玉起	女	88	92	93	90	99	79	541	90.2	优秀
351011	李晚玉	女	98	65	88	57	86	88	482	80.3	良好
351026	刘浩	男	91	92	86	79.5	73	89	510.5	85.1	良好
351047	张一成	男	80	55	96	78	85	64	458	76.3	及格
351046	张涵	女	70	92	93	86	84	80	505	84.2	良好
351043	刘民乐	男	60	60	60	69	60	58	357	59.5	不及格

图 4-23　删除后的学生成绩表

图 4-24　【移动或复制工作表】对话框

(3) 单击【确定】按钮，在 Sheet2 的左侧复制了一个工作表，然后将其重新命名为"排序"。

(4) 采用同样的方法，再将 Sheet1 工作表复制三次，将复制后的三个工作表分别命名为"自动筛选"、"自定义筛选"和"高级筛选"。

(5) 切换到"排序"工作表，在数据表中定位光标，在【数据】选项卡的"排序和筛选"组中单击【排序】按钮，打开【排序】对话框；然后单击【添加条件】按钮，分别设置主要关键字为"数学"、次要关键字为"语文"，并且都以"降序"排列(见图 4-25)。

图 4-25　【排序】对话框

(6) 单击【确定】按钮，则以"数学"为关键字按递减方式排序。当数学成绩相同时，则按"语文"递减排序。

小贴士

　　数据排序的规则：数值数据依数值大小排序；英文字符采用 ASCII 码值比较大小；汉字按拼音首字母的先后顺序比较大小，先小后大；日期时间采用先小后大进行比较。另外，如果要对单列数据进行排序，可以直接在【数据】选项卡的"排序和筛选"组中单击 ↓ 按钮或 ↑ 按钮。

(7) 切换到"自动筛选"工作表,在数据表中定位光标,在【数据】选项卡的"排序和筛选"组中单击【筛选】按钮,则每个字段右侧都出现了筛选按钮。

(8) 单击"英语"字段右侧的筛选按钮,在下拉列表中选择【数字筛选】/【10 个最大的值】选项,在弹出的【自动筛选前 10 个】对话框中设置选项(见图 4-26)。单击【确定】按钮,则自动筛选出英语成绩的前三名。

(9) 切换到"自定义筛选"工作表,在数据表中定位光标,在【数据】选项卡的"排序和筛选"组中单击【筛选】按钮;然后单击"平均分"字段右侧的筛选按钮,在下拉列表中选择【数字筛选】/【自定义筛选】选项,在弹出的【自定义自动筛选方式】对话框中设置选项(见图 4-27)。

图 4-26　【自动筛选前 10 个】对话框　　　　图 4-27　【自定义自动筛选方式】对话框

(10) 单击【确定】按钮,则筛选出"平均分"在 80～90 分之间的学生。

(11) 切换到"高级筛选"工作表,在数据表的下方输入筛选条件,创建条件区域(见图 4-28)。由于条件不在同一行中,因此它们之间是"或"的关系,即要筛选出至少有一门课程不及格的学生。

(12) 在【数据】选项卡的"排序和筛选"组中单击【高级】按钮,在打开的【高级筛选】对话框中设置选项(见图 4-29)。单击【确定】按钮,筛选出至少有一门课程不及格的学生。

13	351046	张涵	女	70	92	93	86	84	80	505	84.2	良好
14	351043	刘民乐	男	60	50	60	69	60	58	357	59.5	不及格
15												
16				语文	数学	外语	物理	化学	生物			
17				<60								
18					<60							
19						<60						
20							<60					
21								<60				
22									<60			

图 4-28　创建条件区域　　　　　　　　　图 4-29　【高级筛选】对话框

(13) 按 Ctrl + S 键保存对文件所做的修改。

【自主评价】

(1) 通过这个实训学会的技能:＿＿＿＿＿＿＿＿＿＿＿＿＿＿＿＿＿＿＿＿＿＿

＿＿＿＿＿＿＿＿＿＿＿＿＿＿＿＿＿＿＿＿＿＿＿＿＿＿＿＿＿＿＿＿＿＿＿＿

(2) 在这个实训中遇到的问题:＿＿＿＿＿＿＿＿＿＿＿＿＿＿＿＿＿＿＿＿＿＿

＿＿＿＿＿＿＿＿＿＿＿＿＿＿＿＿＿＿＿＿＿＿＿＿＿＿＿＿＿＿＿＿＿＿＿＿

(3) 我对这个实训的一些想法:＿＿＿＿＿＿＿＿＿＿＿＿＿＿＿＿＿＿＿＿＿＿

＿＿＿＿＿＿＿＿＿＿＿＿＿＿＿＿＿＿＿＿＿＿＿＿＿＿＿＿＿＿＿＿＿＿＿＿

【教师评价】

评　语	成　绩

实训五　分类汇总销售数据

【实训目的】

(1) 掌握数据表的排序方法。

(2) 学会数据表的分类汇总方法。

(3) 掌握图表的创建与编辑方法。

【实训内容】

(1) 按要求对销售数据进行分类汇总，效果如图 4-30 所示。

	A	B	C	D	E
1	某公司销售值统计表(万元)				
2	订单号	订单金额	销售人员	部门	
3	20090801	556.6	Jarry	销售1部	
4	20090802	498.3	Jarry	销售1部	
5	20090803	601.8	Tom	销售1部	
6	20090805	498.47	Jarry	销售1部	
7	20090808	623.9	Tom	销售1部	
8	20090810	734.23	Jarry	销售1部	
9	20090811	684	Tom	销售1部	
10	20090814	578.62	Tom	销售1部	
11	20090815	378.51	Tom	销售1部	
12	20090816	100.14	Jarry	销售1部	
13		5254.57		销售1部 汇总	
14	20090804	608.3	Mike	销售2部	
15	20090806	563.87	Helen	销售2部	
16	20090807	602.9	Helen	销售2部	
17	20090809	651.4	Mike	销售2部	
18	20090812	693.3	Helen	销售2部	
19	20090813	483.5	Mike	销售2部	
20	20090817	258.3	Mike	销售2部	
21	20090818	489.3	Helen	销售2部	
22	20090819	450.5	Mike	销售2部	
23	20090820	950.4	Helen	销售2部	
24		5751.77		销售2部 汇总	
25		11006.34		总计	

	A	B	C	D
1	某公司销售值统计表(万元)			
2	订单号	订单金额	销售人员	部门
3	20090806	563.87	Helen	销售2部
4	20090807	602.9	Helen	销售2部
5	20090812	693.3	Helen	销售2部
6	20090818	489.3	Helen	销售2部
7	20090820	950.4	Helen	销售2部
8		3299.77	Helen 汇总	
9	20090801	556.6	Jarry	销售1部
10	20090802	498.3	Jarry	销售1部
11	20090805	498.47	Jarry	销售1部
12	20090810	734.23	Jarry	销售1部
13	20090816	100.14	Jarry	销售1部
14		2387.74	Jarry 汇总	
15	20090804	608.3	Mike	销售2部
16	20090809	651.4	Mike	销售2部
17	20090813	483.5	Mike	销售2部
18	20090817	258.3	Mike	销售2部
19	20090819	450.5	Mike	销售2部
20		2452	Mike 汇总	
21	20090803	601.8	Tom	销售1部
22	20090808	623.9	Tom	销售1部
23	20090811	684	Tom	销售1部
24	20090814	578.62	Tom	销售1部
25	20090815	378.51	Tom	销售1部
26		2866.83	Tom 汇总	
27		11006.34	总计	

图 4-30　分类汇总效果

(2) 根据分类汇总后的数据创建图表。

【实训要求】

(1) 打开"销售数据.xlsx"文件，然后将 Sheet1 工作表中的内容复制到 Sheet2 工作表中备用。

(2) 以"部门"为分类字段，对"订单金额"进行求和汇总。

(3) 根据分类汇总后的数据创建饼形图表，并进行编辑，效果如图 4-31 所示。

(4) 以"销售人员"为分类字段，对"订单金额"进行求和汇总。

(5) 根据分类汇总后的数据创建条形图表，并进行编辑，效果如图 4-32 所示。

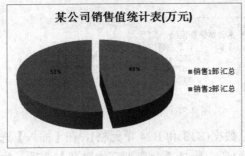

图 4-31　饼形图表

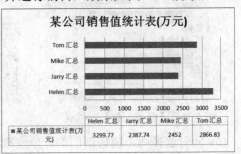

图 4-32　条形图表

【实训步骤】

(1) 启动 Excel 2010，按 Ctrl + O 键，打开"素材"文件夹中的"销售数据.xlsx"文件，如图 4-33 所示。

(2) 按 Ctrl + A 键，全选 Sheet1 中的数据，再按 Ctrl + C 键复制数据；切换到 Sheet2 工作表中，按 Ctrl + V 键粘贴复制的数据。

(3) 切换到 Sheet1 中，在"部门"一列中单击鼠标，在【数据】选项卡的"排序和筛选"组中单击 ↓ 按钮，对"部门"一列按升序排序(见图 4-34)。

图 4-33　打开的销售统计表　　　　图 4-34　排序结果

(4) 在【数据】选项卡的"分级显示"组中单击【分类汇总】按钮,打开【分类汇总】对话框,在【分类字段】中选择"部门",在【汇总方式】中选择"求和",在【选定汇总项】中选择"订单金额"(见图 4-35)。

(5) 单击【确定】按钮,则以"部门"为分类字段对"订单金额"进行求和汇总;单击 ▬ 按钮,隐藏细节数据,只显示汇总结果(见图 4-36)。

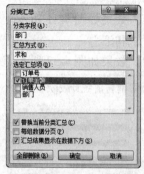

图 4-35　【分类汇总】对话框

图 4-36　汇总结果

(6) 同时选择两个销售部门的订单金额汇总数据(B13 和 B24 单元格),在【插入】选项卡的"图表"组中单击【饼图】按钮,在下拉列表中选择【分离型三维饼图】选项,生成一个图表。

(7) 在【设计】选项卡的"图表布局"组中单击右下角的 ▾ 按钮,在打开的下拉列表中选择【布局 6】选项,图表效果如图 4-37 所示。

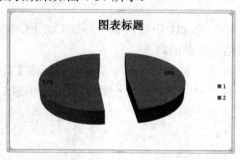

图 4-37　图表效果

(8) 在图表上单击鼠标右键,在弹出的快捷菜单中选择【选择数据】命令,弹出【选择数据源】对话框(见图 4-38)。

图 4-38　【选择数据源】对话框

(9) 单击【图例项(系列)】列表区中的【编辑】按钮,弹出【编辑数据系列】对话框,选择汇总表中的 A1 单元格,然后单击【确定】按钮,返回【选择数据源】对话框,完成图表标题的编辑。

(10) 在【水平(分类)轴标签】列表区中单击【编辑】按钮,参照(9)中的操作步骤,选择汇总表中的 D13 和 D24 单元格,完成图表图例的设置。

(11) 单击【确定】按钮,图表效果如图 4-39 所示。

(12) 在饼形上单击鼠标右键,在弹出的快捷菜单中选择【设置数据系列格式】命令,在弹出的【设置数据系列格式】对话框中设置【饼图分离程度】为"6%"(见图 4-40),单击【关闭】按钮,降低饼图分离程度。

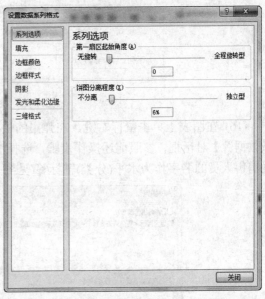

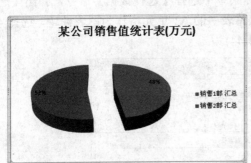

图 4-39 图表效果   图 4-40 【设置数据系列格式】对话框

(13) 切换到 Sheet2 中,参照前述操作方法,对"销售人员"一列进行升序排序,并对"订单金额"进行求和汇总,如图 4-41 所示;然后隐藏细节数据,只显示汇总结果(见图 4-42)。

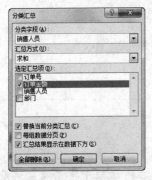

图 4-41 【分类汇总】对话框   图 4-42 汇总结果

(14) 同时选择 4 位销售人员的订单金额汇总数据(B8、B14、B20 和 B26 单元格),在【插入】选项卡的"图表"组中单击【条形图】按钮,在下拉列表中选择第 1 个二维条形图，生成一个图表。

(15) 在【设计】选项卡的"图表布局"组中单击右下角的 ⊡ 按钮，在打开的下拉列表中选择【布局5】选项，图表效果如图4-43所示。

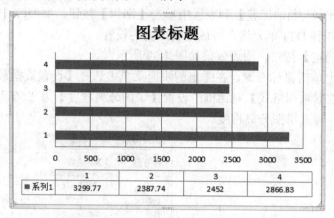

图 4-43　图表效果

(16) 在图表上单击鼠标右键，在弹出的快捷菜单中选择【选择数据】命令，弹出【选择数据源】对话框，参照前述操作步骤，选择汇总表中的A1单元格作为图表标题，选择4位销售人员的名字作为水平(分类)轴标签(见图4-44)。

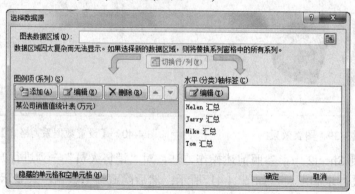

图 4-44　【选择数据源】对话框

(17) 单击【确定】按钮，完成图表的编辑。

(18) 将工作簿另存为"实训四：学生成绩表的排序和筛选.xlsx"。

小贴士

　　如何清除分类汇总？

　　单击分类汇总数据中的任意单元格；在【数据】选项卡的"分级显示"组中单击【分类汇总】按钮，弹出【分类汇总】对话框；在对话框中单击【全部删除】按钮，即可完成操作。

【自主评价】

　　(1) 通过这个实训学会的技能：_____

_____

　　(2) 在这个实训中遇到的问题：_____

_____

　　(3) 我对这个实训的一些想法：_____

_____

【教师评价】

评　语	成　绩

实训六　综合处理工作表

【实训目的】

　　(1) 掌握工作表的编辑方法。

　　(2) 掌握工作表的格式化设置方法。

　　(3) 熟练掌握函数与公式的使用方法。

　　(4) 掌握数据的排序、筛选与分类汇总操作。

　　(5) 掌握图表的生成与编辑方法。

【实训内容】

　　复制与重命名工作表、格式化工作表、使用公式与函数计算数据、排序数据、筛选与分类汇总、建立图表等。

【实训要求】

　　(1) 打开"产品销售表.xlsx"文件，将其中的内容复制到 3 个新表中，并将工作表分别重命名为"格式化"、"计算"、"排序与筛选"和"分类与图表"。

　　(2) 在"格式化"工作表中，对工作表进行格式化设置。

　　① 合并居中单元格 A1 : D1。

② 第 1 列中日期的格式含有“年月日”。

③ 行高：第 1 行为 35，其他行为 21.75。

④ 列宽：第 1 列为 18，其他列为 10。

⑤ 内容格式：标题为隶书、22 磅；内容为宋体、11 磅，居中(“销售额”一列居右)。

⑥ 工作表格式：统一细边框，第 1 行填充为淡粉色，其他行填充为淡绿色，效果见图 4-45。

(3) 在“计算”工作表中，分别计算出总销售额、平均销售额、东北地区销售额和木材销售额，并将结果放在相应的单元格中(见图 4-46)。

	A	B	C	D
1	建筑产品销售表（万元）			
2	日期	产品名称	销售地区	销售额
3	2012年6月12日	塑料	西北	2324
4	2012年6月14日	钢材	华南	1540.8
5	2012年6月25日	木材	华南	678
6	2012年6月18日	木材	西南	264.5
7	2012年6月23日	木材	华北	1200
8	2012年6月19日	钢材	西南	902
9	2012年6月15日	塑料	东北	2018.6
10	2012年6月22日	木材	华北	1355
11	2012年6月26日	钢材	东北	1024
12	2012年6月17日	塑料	东北	1452.2
13	2012年6月28日	钢材	西北	145

图 4-45　格式化后的效果

	A	B	C	D	E	F	G
1	建筑产品销售表（万元）						
2	日期	产品名称	销售地区	销售额			
3	2012-6-12	塑料	西北	2324			
4	2012-6-14	钢材	华南	1540.8		总销售额	12904.1
5	2012-6-25	木材	华南	678		平均销售额	1173.1
6	2012-6-18	木材	西南	264.5		东北地区销售额	4494.8
7	2012-6-23	木材	华北	1200		木材销售额	3497.5
8	2012-6-19	钢材	西南	902			
9	2012-6-15	塑料	东北	2018.6			
10	2012-6-22	木材	华北	1355			
11	2012-6-26	钢材	东北	1024			
12	2012-6-17	塑料	东北	1452.2			
13	2012-6-28	钢材	西北	145			

图 4-46　计算结果

(4) 在“排序与筛选”工作表中进行以下操作。

① 以“日期”为关键字，升序排序。

② 用高级筛选的方法，筛选出销售额大于 1000 的记录(见图 4-47)。

(5) 在“分类与图表”工作表中，以“销售地区”为分类字段，对“销售额”进行求和分类汇总(见图 4-48)。

	A	B	C	D	E	F
1	建筑产品销售表（万元）					
2	日期	产品名称	销售地区	销售额		
3	2012-6-12	塑料	西北	2324		
4	2012-6-14	钢材	华南	1540.8		
5	2012-6-15	塑料	东北	2018.6		
6	2012-6-17	塑料	东北	1452.2		
7	2012-6-18	木材	西南	264.5		
8	2012-6-19	钢材	西南	902		
9	2012-6-22	木材	华北	1355		
10	2012-6-23	木材	华北	1200		
11	2012-6-25	木材	华南	678		
12	2012-6-26	钢材	东北	1024		销售额
13	2012-6-28	钢材	西北	145		>1000
14						
15						
16	日期	产品名称	销售地区	销售额		
17	2012-6-12	塑料	西北	2324		
18	2012-6-14	钢材	华南	1540.8		
19	2012-6-15	塑料	东北	2018.6		
20	2012-6-17	塑料	东北	1452.2		
21	2012-6-22	木材	华北	1355		
22	2012-6-23	木材	华北	1200		
23	2012-6-26	钢材	东北	1024		

图 4-47　筛选结果

	A	B	C	D
1	建筑产品销售表（万元）			
2	日期	产品名称	销售地区	销售额
3	2012-6-15	塑料	东北	2018.6
4	2012-6-26	钢材	东北	1024
5	2012-6-17	塑料	东北	1452.2
6			**东北 汇总**	4494.8
7	2012-6-23	木材	华北	1200
8	2012-6-22	木材	华北	1355
9			**华北 汇总**	2555
10	2012-6-14	钢材	华南	1540.8
11	2012-6-25	木材	华南	678
12			**华南 汇总**	2218.8
13	2012-6-12	塑料	西北	2324
14	2012-6-28	钢材	西北	145
15			**西北 汇总**	2469
16	2012-6-18	木材	西南	264.5
17	2012-6-19	钢材	西南	902
18			**西南 汇总**	1166.5
19			**总计**	12904.1

图 4-48　分类汇总结果

(6) 基于分类汇总后的数据创建环形图表，效果如图 4-49 所示。

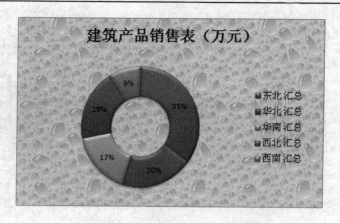

图 4-49 环形图表效果图

【实训步骤】

(1) 启动 Excel 2010，按 Ctrl + O 键，打开"素材"文件夹中的"产品销售表.xlsx"。

(2) 将光标指向 Sheet1 工作表标签上，按住 Ctrl 键的同时向 Sheet1 的右侧拖动鼠标，这时光标变为 🔖 形状，当出现一个小黑三角形时释放鼠标，则复制了 Sheet1；继续向右拖动鼠标，复制 Sheet1 两次，则复制得到了三个工作表。

(3) 在 Sheet1 名称上双击鼠标，激活工作表名称，输入新名称"格式化"，然后按回车键确认。采用同样的方法，将复制的三个工作表分别命名为"计算"、"排序与筛选"和"分类与图表"（见图 4-50）。

图 4-50 复制与重命名的工作表

(4) 切换到"格式化"工作表中，同时选择 A1：D1 单元格，在【开始】选项卡的"对齐方式"组中单击【合并后居中】按钮，将其合并为一个单元格，并使内容居中。

(5) 同时选择 A3：A13 单元格，在【开始】选项卡的"数字"组中打开【日期】下拉列表，选择【长日期】选项。

(6) 在行号 1 上单击鼠标右键，在弹出的快捷菜单中选择【行高】命令，在打开的【行高】对话框中设置行高为"35"；采用同样的方法，设置其他行的行高为"21.75"。

(7) 在列标 A 上单击鼠标右键，在弹出的快捷菜单中选择【列宽】命令，在打开的【列宽】对话框中设置列宽为"18"；采用同样的方法，设置其他列的列宽为"10"。

(8) 选择 A1 单元格，在【开始】选项卡的"字体"组中设置字体为"隶书"、字号为"22"磅；选择其他内容单元格，设置字体为"宋体"、字号为"11"磅；然后在"对齐方式"组中单击 ▤ 按钮，将文字居中显示；重新选择"销售额"一列数据单元格(D3：D13)，设置为居右显示，此时的表格效果见图 4-51。

(9) 选择 A1：D13 单元格，在【开始】选项卡的"字体"组中单击 ⊞▾ 按钮，在打开的下拉列表中选择【所有框线】选项；再单击 🖌▾ 按钮，在下拉列表中选择淡绿色作为填充色；重新选择 A1 单元格，更改其填充色为淡粉色，此时的表格效果如图 4-52 所示。

	A	B	C	D
1	建筑产品销售表（万元）			
2	日期	产品名称	销售地区	销售额
3	2012年6月12日	塑料	西北	2324
4	2012年6月14日	钢材	华南	1540.8
5	2012年6月25日	木材	华南	678
6	2012年6月18日	木材	西南	264.5
7	2012年6月23日	木材	华北	1200
8	2012年6月19日	钢材	西南	902
9	2012年6月15日	塑料	东北	2018.6
10	2012年6月22日	木材	华北	1355
11	2012年6月26日	钢材	东北	1024
12	2012年6月17日	塑料	东北	1452.2
13	2012年6月28日	钢材	西北	145

	A	B	C	D
1	建筑产品销售表（万元）			
2	日期	产品名称	销售地区	销售额
3	2012年6月12日	塑料	西北	2324
4	2012年6月14日	钢材	华南	1540.8
5	2012年6月25日	木材	华南	678
6	2012年6月18日	木材	西南	264.5
7	2012年6月23日	木材	华北	1200
8	2012年6月19日	钢材	西南	902
9	2012年6月15日	塑料	东北	2018.6
10	2012年6月22日	木材	华北	1355
11	2012年6月26日	钢材	东北	1024
12	2012年6月17日	塑料	东北	1452.2
13	2012年6月28日	钢材	西北	145

图 4-51　表格效果 1　　　　　　　　　图 4-52　表格效果 2

(10) 切换到"计算"工作表中，在数据表的右侧输入要计算的销售额，并填充一种颜色，以便观察(见图 4-53)。

	A	B	C	D	E	F	G
1	建筑产品销售表（万元）						
2	日期	产品名称	销售地区	销售额			
3	2012/6/12	塑料	西北	2324			
4	2012/6/14	钢材	华南	1540.8		总销售额	
5	2012/6/25	木材	华南	678		平均销售额	
6	2012/6/18	木材	西南	264.5		东北地区销售额	
7	2012/6/23	木材	华北	1200		木材销售额	
8	2012/6/19	钢材	西南	902			
9	2012/6/15	塑料	东北	2018.6			
10	2012/6/22	木材	华北	1355			
11	2012/6/26	钢材	东北	1024			
12	2012/6/17	塑料	东北	1452.2			
13	2012/6/28	钢材	西北	145			

图 4-53　输入的文字

(11) 在 G4 单元格中定位光标，在【公式】选项卡的"函数库"组中单击 Σ 按钮，选择 D3:D13 数据区域，按回车键进行求和计算。

(12) 在 G5 单元格中定位光标，在"函数库"组中单击 Σ 按钮下方的小箭头，在打开的列表中选择【平均】选项；然后选择 D3:D13 数据区域，按回车键后显示平均销售额。

(13) 在 G6 单元格中定位光标，输入公式"=D9+D11+D12"，按回车键后显示东北地区销售额。

(14) 在 G7 单元格中定位光标，输入公式"=D5+D6+D7+D10"，按回车键后显示木材销售额。

(15) 切换到"排序与筛选"工作表中，在"日期"一列中单击鼠标，在【数据】选项卡的"排序和筛选"组中单击 按钮，对"日期"一列进行升序排序。

(16) 在数据表的右侧设置一个条件区域，如图 4-54 所示。

(17) 在数据表中定位光标，在【数据】选项卡的"排序和筛选"组中单击【高级】按钮，在打开的【高级筛选】对话框中设置选项(见图 4-55)；单击【确定】按钮，筛选出销售额大于 1000 的记录。

华北	1355		
华北	1200		
华南	678		
东北	1024	销售额	
西北	145	>1000	

图 4-54 设置的条件区域　　　　　　　　图 4-55 【高级筛选】对话框

(18) 切换到"分类与图表"工作表中,参照前述操作步骤,对"地区"一列进行升序排序;然后在【数据】选项卡的"分级显示"组中单击【分类汇总】按钮,打开【分类汇总】对话框,设置选项(见图 4-56)。

(19) 单击【确定】按钮,则以"销售地区"为分类字段,对"销售额"进行求和汇总;单击 ▬ 按钮,隐藏细节数据,只显示汇总结果(见图 4-57)。

图 4-56 【分类汇总】对话框　　　　　　图 4-57 汇总结果

(20) 同时选择五个地区的销售额数据,在【插入】选项卡的"图表"组中单击【其他图表】按钮,在下拉列表中选择【圆环图】选项,生成一个图表。

(21) 在【设计】选项卡的"图表布局"组中单击右下角的 ▾ 按钮,在打开的下拉列表中选择【布局6】选项,图表效果如图 4-58 所示。

(22) 在图表上单击鼠标右键,在弹出的快捷菜单中选择【选择数据】命令,弹出【选择数据源】对话框;参照实训五步骤(9)和(10)中的操作方法,选择汇总表中的 A1 单元格作为图表标题,选择五个销售地区作为水平(分类)轴标签,确认操作后,图表效果如图 4-59 所示。

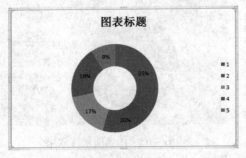

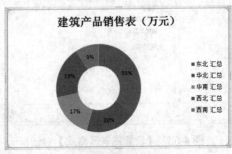

图 4-58 图表效果 1　　　　　　　　　　图 4-59 图表效果 2

(23) 在圆环上单击鼠标右键，在弹出的快捷菜单中选择【设置数据系列格式】命令，打开【设置数据系列格式】对话框，选择【阴影】选项，设置如图 4-60 所示的参数；选择【三维格式】选项，设置如图 4-61 所示的参数。

图 4-60　设置【阴影】选项参数　　　　图 4-61　设置【三维格式】选项参数

(24) 单击【关闭】按钮，则圆环具有三维效果和阴影效果。

(25) 在图表的空白处单击鼠标右键，在弹出的快捷菜单中选择【设置图表区域格式】命令，打开【设置图表区格式】对话框，选择【填充】选项，在对话框右侧选择【图片或纹理填充】选项；然后打开【纹理】选项右侧的下拉列表，选择水滴纹理(见图 4-62)。

(26) 单击【关闭】按钮，为图表区域填充水滴纹理，最终效果如图 4-63 所示。

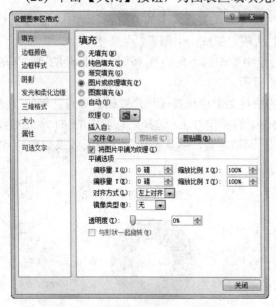 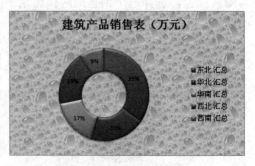

图 4-62　【设置图表区格式】对话框　　　图 4-63　图表的最终效果

(27) 按 Ctrl + S 键保存对文件所做的修改。

【自主评价】

　　(1) 通过这个实训学会的技能：_____

_____

　　(2) 在这个实训中遇到的问题：_____

_____

　　(3) 我对这个实训的一些想法：_____

_____

【教师评价】

评　语	成　绩

第 5 章　PowerPoint 2010 演示文稿

实训一　创建一个电子相册

【实训目的】

(1) 掌握创建演示文稿的方法。

(2) 掌握编辑幻灯片的基本方法。

(3) 掌握幻灯片内容的修改方法。

(4) 掌握保存演示文稿的方法。

【实训内容】

利用自己积累的照片(可以是学校的风景、个人游玩的照片或者学习生活的照片)制作一个基于模板的电子相册,效果如图 5-1 所示。

图 5-1　电子相册效果图

【实训要求】

(1) 基于"古典型相册"模板新建一个 PPT 演示文稿,将其保存在"D:\学号-姓名"文件夹中,命名为"实训一:校园风光电子相册.pptx"。

(2) 根据要求编辑现有的幻灯片(默认的演示文稿中有 7 张幻灯片)。

① 删除第 4、5、6 张幻灯片。

② 删除指定的幻灯片后,再复制第 4 张幻灯片。

③ 在最后插入一张空白的幻灯片(此时共有 6 张幻灯片)。

(3) 编辑每一张幻灯片中的内容。

① 更换第 1 张幻灯片中的图片,适当调整其大小,并输入说明文字(见图 5-2)。

② 更换第 2 张幻灯片中的图片,适当调整其大小并进行裁剪,最后输入说明文字(见图 5-3)。

图 5-2　第 1 张幻灯片效果图　　　　　　　　　图 5-3　第 2 张幻灯片效果图

③ 更换第 3 张幻灯片中的图片,并输入说明文字(见图 5-4)。

④ 更换第 4、5 张幻灯片中的图片。

⑤ 在第 6 张幻灯片中插入图片,并将其调整到满屏显示(见图 5-5)。

图 5-4　第 3 张幻灯片效果图　　　　　　　　　图 5-5　第 6 张幻灯片效果图

(4) 重新应用主题"跋涉",然后切换到幻灯片浏览视图进行观察,最后进行幻灯片放映,观看电子相册的效果。

【实训步骤】

(1) 启动 PowerPoint 2010。

(2) 切换到【文件】选项卡,选择【新建】命令,在窗口的中间部分单击"样本模板",在【模板样本】列表中选择"古典型相册"模板,然后单击右侧的【创建】按钮,新建一个演示文稿。

(3) 按 Ctrl + S 键,将演示文稿保存到"D:\学号-姓名"文件夹中,命名为"实训一:校园风光电子相册.pptx"。

(4) 这时演示文稿中共有 7 张幻灯片，在视图窗格的【幻灯片】选项卡中单击幻灯片缩略图，在右侧的幻灯片窗格中可以浏览幻灯片(见图 5-6)。

(5) 按住 Ctrl 键的同时，在【幻灯片】选项卡中选择第 4、5、6 张幻灯片，按 Delete 键将其删除，这时 PowerPoint 2010 会重新对其余的幻灯片进行编号。

(6) 选择第 4 张幻灯片，按 Ctrl + C 键复制幻灯片，再按 Ctrl + V 键粘贴复制的幻灯片。

(7) 在第 5 张幻灯片缩略图下方的空白处单击鼠标右键，在弹出的快捷菜单中选择【新建幻灯片】命令，在最后插入一张空白幻灯片(见图 5-7)。

图 5-6　【幻灯片】选项卡　　　　　　　　　图 5-7　新插入的幻灯片

(8) 在【幻灯片】选项卡中单击第 1 张幻灯片缩略图，在幻灯片窗格中的图片上单击鼠标右键，在弹出的快捷菜单中选择【更改图片】命令，在弹出的【插入图片】对话框中选择一幅图片(这里选择"素材"文件夹中的"H01.jpg"文件)，单击【插入】按钮，则将原图片更改为选择的图片。

(9) 选择更改后的图片，在【格式】选项卡的"大小"组中设置高度与宽度，并调整好位置(见图 5-8)。

(10) 在图片下方的两个文本占位符中单击鼠标，输入相册标题和日期文字。

(11) 采用同样的方法，更换第 2 张幻灯片中的图片(这里选择"素材"文件夹中的"H02.jpg"文件)；然后在【格式】选项卡的"大小"组中单击【裁剪】按钮，向左拖动裁剪框右侧中间的控制点，将图片进行裁剪(见图 5-9)；最后适当调整图片的大小和位置。

图 5-8　调整图片的大小和位置　　　　　　图 5-9　裁剪图片

(12) 在文本占位符中输入相关的说明文字，并删除多余的占位符。

(13) 继续更换第 3 张幻灯片中的图片(这里选择"素材"文件夹中的"H03.jpg"～"H05.jpg"文件)，然后输入说明文字，并删除多余的占位符。

(14) 采用同样的方法，继续更换第 4 张和第 5 张幻灯片中的图片(这里选择"素材"文件夹中的"H06.jpg"、"H07.jpg"文件)。

小贴士

对于第 3、4、5 张幻灯片中的图片直接更改即可，不必再调整其大小，后面应用主题以后会自动做出相应的修改。

(15) 选择第 6 张幻灯片，单击页面中间的图标，插入一张图片(这里选择"素材"文件夹中的"H08.jpg"文件)。

(16) 在【设计】选项卡的"主题"组中单击"跋涉"主题，重新应用主题。

(17) 单击状态栏右侧的【幻灯片浏览】按钮，进入幻灯片浏览视图，在这里可以观察整个演示文稿中的所有幻灯片(见图 5-10)。

图 5-10　幻灯片浏览视图

(18) 切换到【幻灯片放映】选项卡，在"开始放映幻灯片"组中单击【从头开始】按钮，可以从头开始播放幻灯片。

(19) 按 Esc 键结束幻灯片放映，然后按 Ctrl + S 键保存演示文稿。

【自主评价】

(1) 通过这个实训学会的技能：_____

_____

(2) 在这个实训中遇到的问题：_____

_____

(3) 我对这个实训的一些想法：_____

_____

【教师评价】

评　语	成　绩

实训二　我们的大家庭

【实训目的】

(1) 掌握幻灯片的创建方法。

(2) 掌握插入音频与视频的方法。

(3) 掌握插入表格、图表与 Smart 图形的方法。

(4) 熟练掌握主题的应用。

【实训内容】

围绕班级事务创建一个演示文稿(内容可以自由发挥)，效果如图 5-11 所示。

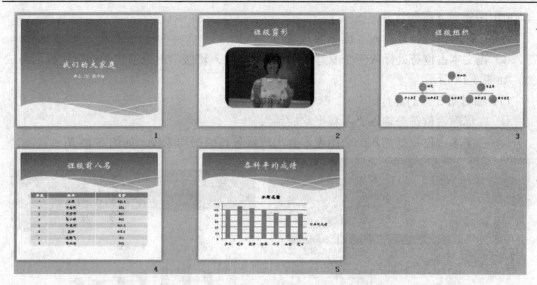

图 5-11　演示文稿效果图

【实训要求】

(1) 创建一个新的 PPT 演示文稿，将其保存在"D:\学号-姓名"文件夹中，命名为"实训二：我们的大家庭.pptx"。

(2) 为幻灯片应用"波形"主题，然后创建 4 张新的幻灯片。

(3) 编辑第 1 张幻灯片。

① 在标题占位符处输入"我们的大家庭"，在副标题占位符处输入"高二(3)班介绍"。

② 插入一个声音文件"MUSIC.MP3"，将其设置为背景音乐。

(4) 编辑第 2 张幻灯片。

① 在标题占位符处输入"班级剪影"。

② 在文本占位符处插入一段关于班级的视频，添加简单框架，将其设置为圆角形状(见图 5-12)。

(5) 编辑第 3 张幻灯片。

① 在标题占位符处输入"班级组织"。

② 在文本占位符处插入 Smart 图形(见图 5-13)。

图 5-12　第 2 张幻灯片效果图

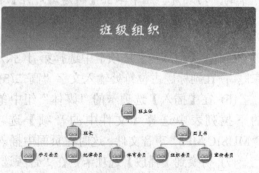

图 5-13　第 3 张幻灯片效果图

(6) 编辑第 4 张幻灯片。

① 在标题占位符处输入"班级前八名"。

② 在文本占位符处插入一个 9 行 3 列的表格,输入班级学习成绩优秀的学生姓名与成绩,如图 5-14 所示。

(7) 编辑第 5 张幻灯片。

① 在标题占位符处输入"各科平均成绩"。

② 在文本占位符处插入一个图表,列出班级各科的平均成绩,如图 5-15 所示。

图 5-14　第 4 张幻灯片效果图

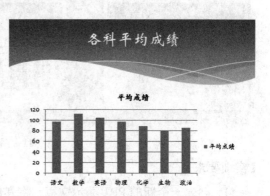

图 5-15　第 5 张幻灯片效果图

【实训步骤】

(1) 启动 PowerPoint 2010,自动创建一个演示文稿。

(2) 按 Ctrl + S 键,将演示文稿保存到"D:\学号-姓名"文件夹中,命名为"实训二:我们的大家庭.pptx"。

(3) 在【设计】选项卡的"主题"组中单击"波形"主题,为演示文稿应用主题。

(4) 在【幻灯片】选项卡的空白处单击鼠标右键,在弹出的快捷菜单中选择【新建幻灯片】命令,在第 1 张幻灯片的下方插入 1 张空白幻灯片;采用同样的方法,再插入 3 张空白幻灯片。

> **小贴士**
>
> 　　新建幻灯片的方法有很多,除了文中介绍的方法以外,也可以在【开始】选项卡的"幻灯片"组中单击【新建幻灯片】按钮,从打开的列表中选择一种版式,这种方法便于在新建幻灯片的同时确定版式。

(5) 在【幻灯片】选项卡中选择第 1 张幻灯片,在标题占位符处输入文字"我们的大家庭";在副标题占位符处输入文字"高二(3)班介绍"(见图 5-16)。

(6) 在【插入】选项卡的"媒体"组中单击【音频】按钮下方的三角形箭头,在打开的下拉列表中选择【文件中的音频】选项,在弹出的【插入音频】对话框中双击"MUSIC.MP3"声音文件,这时在页面中插入了一个声音文件并出现声音图标(见图 5-17)。

(7) 切换到【播放】选项卡,在"音频选项"组中设置各项参数(见图 5-18),将插入的声音设置为背景音乐。

图 5-16　输入标题与副标题　　　　　　图 5-17　插入的声音文件

图 5-18　设置音频选项

(8) 在【幻灯片】选项卡中选择第 2 张幻灯片，在标题占位符处输入文字"班级剪影"；在文本占位符中单击【插入媒体剪辑】图标，在弹出的【插入视频文件】对话框中双击一个关于班级的视频文件。

(9) 选择插入的视频，在【格式】选项卡的"视频样式"组中单击"简单框架，白色"样式，为视频添加框架；然后单击【视频形状】按钮，在打开的列表中选择"圆角矩形"形状，效果如图 5-19 所示。

(10) 在【幻灯片】选项卡中选择第 3 张幻灯片，在标题占位符处输入文字"班级组织"；在文本占位符中单击"插入 Smart 图形"图标，在弹出的【选择 SmartArt 图形】对话框中选择【层次结构】类型中的"圆形图片层次结构"，单击【确定】按钮，效果如图 5-20 所示。

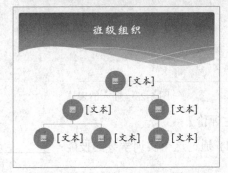

图 5-19　更改后的视频形状　　　　　　图 5-20　插入的 SmartArt 图形

(11) 在文本占位符中输入对应的内容(见图 5-21)。

(12) 在"纪律委员"形状上单击鼠标右键，在弹出的快捷菜单中选择【添加形状】/【在后面添加形状】命令，添加一个新形状，在文本占位符中输入"体育委员"；采用同样的方法，在"组织委员"形状的后面再添加一个新形状"宣传委员"(见图 5-22)。

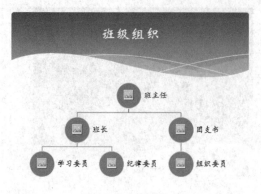

图 5-21　输入的文字　　　　　　　　　　图 5-22　添加形状后的效果

(13) 在【幻灯片】选项卡中选择第 4 张幻灯片，在标题占位符处输入文字"班级前八名"；在文本占位符中单击"插入表格"图标，在弹出的【插入表格】对话框中设置【行数】为"9"，【列数】为"3"，效果如图 5-23 所示。

(14) 在表格中输入班级学习成绩优秀的学生姓名与成绩。

(15) 在【幻灯片】选项卡中选择第 5 张幻灯片，在标题占位符处输入文字"各科平均成绩"；在文本占位符中单击"插入图表"图标，在弹出的【插入图表】对话框中选择"簇状柱形图"，单击【确定】按钮，则在幻灯片中插入了图表，同时打开 Excel 用于编辑数据。

(16) 在工作表中修改数据，然后调整图表数据区域的大小(见图 5-24)，关闭 Excel，完成图表的插入操作。

(17) 按 Ctrl + S 键保存演示文稿。

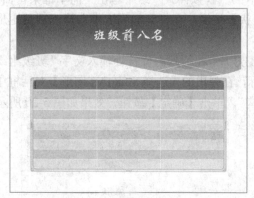

图 5-23　插入的表格　　　　　　　　　图 5-24　调整图表数据区域的大小

【自主评价】

(1) 通过这个实训学会的技能：_____

_____

(2) 在这个实训中遇到的问题：_____

_____

(3) 我对这个实训的一些想法：_____

_____

【教师评价】

评　语	成　绩

实训三　介绍京剧知识

【实训目的】

(1) 使用艺术字美化幻灯片效果。

(2) 掌握按钮的创建与设置方法。

(3) 学会使用超链接增加演示文稿的交互性。

(4) 熟练掌握幻灯片切换效果的设置方法。

【实训内容】

利用提供的素材制作一个"京剧介绍"的教学课件，效果如图 5-25 所示。

图 5-25　"京剧介绍"教学课件效果图

【实训要求】

(1) 创建一个新的 PPT 演示文稿，将其保存在"D:\学号-姓名"文件夹中，命名为"实训三：京剧介绍.pptx"。

(2) 连续新建 5 张空白幻灯片，在第 1～5 张幻灯片中分别插入图片("素材"文件夹中的"J01.jpg"～"J05.jpg"文件)。

(3) 插入艺术字。

① 在第 1 张幻灯片中插入艺术字"京剧介绍"，设置字体为"华康俪金黑 W8(P)"，艺术字样式为"渐变填充-黑色，轮廓-白色，外部阴影"，大小为"96"磅，文字方向为"竖排"；然后再使用文本框输入"主讲：张老师"，设置字体为"华康俪金黑 W8(P)"，大小为"28"磅，颜色为青色(见图 5-26)。

② 在第 2 张幻灯片中插入艺术字"京剧的乐器"、"京剧的服饰"和"京剧的脸谱"，设置字体大小为"28"磅，其他设置与前一艺术字的相同(见图 5-27)。

图 5-26　第 1 张幻灯片效果图

图 5-27　第 2 张幻灯片效果图

(4) 编辑第 6 张幻灯片。

① 设置幻灯片背景为"漫漫黄沙"。

② 插入艺术字"欲了解更多京剧知识请点击此处"，输入文字时分两行输入，设置字体为"宋体"，大小为"54"磅，加粗、清除艺术字样式，转换效果为"左近右远"。

③ 继续插入艺术字"给作者发邮件"，设置字体为"隶书"，艺术字样式为"填充-白色，暖色粗糙棱台"，大小为"36"磅，如图 5-28 所示。

(5) 创建超链接。

① 为第 2 张幻灯片中的三个艺术字创建超链接，分别链接到本演示文稿的第 3、4、5 张幻灯片上。

② 在第 3 张幻灯片上创建一个按钮，建立超链接，链接到第 2 张幻灯片(见图 5-29)，然后将该按钮复制到第 4~6 张幻灯片上。

③ 为第 6 张幻灯片中上方的艺术字建立超链接，链接到 http://www.art.com.cn 网站上；为下方的艺术字建立超链接，链接到电子邮箱 teacherzh@sina.com 上。

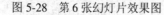

图 5-28　第 6 张幻灯片效果图

图 5-29　复制的按钮

(6) 为每一张幻灯片设置不同的切换效果，可以自由指定。

【实训步骤】

(1) 启动 PowerPoint 2010。

(2) 按 Ctrl + S 键，将演示文稿保存到"D:\学号-姓名"文件夹中，命名为"实训三：京剧介绍.pptx"。

(3) 在【开始】选项卡的"幻灯片"组中打开【新建幻灯片】按钮下方的下拉列表，选择"空白"幻灯片版式，在第 1 张幻灯片的下方插入 1 张空白幻灯片；采用同样的方法，再插入 4 张空白幻灯片。

(4) 在【幻灯片】选项卡中选择第 1 张幻灯片，选择其中的两个标题占位符，按 Delete 键将其删除。

(5) 在【插入】选项卡的"图像"组中单击【图片】按钮，在弹出的【插入图片】对话框中选择一幅图片(这里选择"素材"文件夹中的"J01.jpg"文件)，单击【插入】按钮，将其插入到幻灯片中，并调整其与幻灯片的右侧对齐(见图 5-30)。

(6) 采用同样的方法，在第 2～5 张幻灯片中分别插入图片(这里选择"素材"文件夹中的"J02.jpg"～"J05.jpg"文件)，见图 5-31。

图 5-30　调整图片的位置

图 5-31　第 2～5 张幻灯片中的图片

(7) 在【幻灯片】选项卡中选择第 1 张幻灯片，在【插入】选项卡的"文本"组中单击【艺术字】按钮，在打开的下拉列表中选择 4 排 3 列中的"渐变填充-黑色，轮廓-白色，外部阴影"样式，然后在艺术字占位符中输入内容"京剧介绍"。

(8) 选择艺术字"京剧介绍"，在【开始】选项卡的"字体"组中设置字体为"华康俪金黑 W8(P)"，大小为"96"磅；在"段落"组中单击【文字方向】按钮，在打开的列表中选择【竖排】选项，然后将艺术字调整到幻灯片的左侧(见图 5-32)。

(9) 在【插入】选项卡的"文本"组中单击【文本框】按钮，在打开的列表中选择【横排文本框】选项；然后在幻灯片的左下角拖动鼠标，绘制一个文本框，在其中输入文字"主讲：张老师"。

(10) 选择文字"主讲：张老师"，设置字体为

图 5-32　调整后的艺术字效果

"华康俪金黑 W8(P)",大小为"28"磅,颜色为青色。

(11) 在【幻灯片】选项卡中选择第 2 张幻灯片,参照前述操作方法,在幻灯片的左下方插入艺术字"京剧的乐器",设置艺术字大小为"28"磅,其他设置与"京剧介绍"艺术字的相同。

(12) 选择艺术字"京剧的乐器",按住 Ctrl 键的同时向右拖动鼠标,复制两组艺术字,分别修改其中的文字为"京剧的服饰"和"京剧的脸谱",然后适当调整三组艺术字的位置(见图 5-33)。

(13) 在【幻灯片】选项卡中选择第 6 张幻灯片,在幻灯片上单击鼠标右键,在弹出的快捷菜单中选择【设置背景格式】选项,则弹出【设置背景格式】对话框;在对话框右侧选择【渐变填充】选项,设置【预设颜色】为"漫漫黄沙"(见图 5-34),单击【关闭】按钮确认操作。

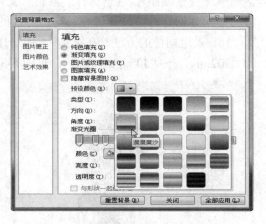

图 5-33　调整艺术字的位置　　　　　　　　图 5-34　设置幻灯片背景颜色

(14) 参照前述方法,在幻灯片中插入任意样式的艺术字"欲了解更多京剧知识请点击此处",输入文字时分两行输入,设置字体为"宋体",大小为"54"磅,加粗显示。

(15) 选择艺术字,在【格式】选项卡的"艺术字样式"组中打开下拉列表,选择【清除艺术字】选项,清除艺术字样式;然后单击【文本效果】按钮,在打开的列表中选择【转换】选项,在【弯曲】列表中选择【左近右远】效果,艺术字效果如图 5-35 所示。

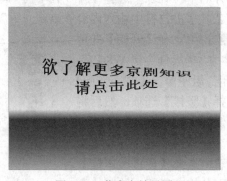

图 5-35　艺术字效果图

(16) 采用同样的方法,继续插入艺术字"给作者发邮件",选择艺术字样式为"填充-白色,暖色粗糙棱台",字体为"隶书",大小为"36"磅,将其放置在幻灯片的下方。

(17) 在【幻灯片】选项卡中选择第 2 张幻灯片，选择其中的"京剧的乐器"艺术字，在【插入】选项卡的"链接"组中单击【超链接】按钮，在打开的【插入超链接】对话框中选择链接目标为"本文档中的位置"，然后选择第 3 张幻灯片(见图 5-36)，单击【确定】按钮。

(18) 采用同样的方法，选择"京剧的服饰"和"京剧的脸谱"艺术字，将它们分别链接到第 4、5 张幻灯片上。

(19) 在【幻灯片】选项卡中选择第 3 张幻灯片，在【插入】选项卡的"插图"组中打开【形状】按钮下方的列表，单击列表最下方的"动作按钮：第一张"按钮 ⬚，然后在幻灯片的左下角拖动鼠标绘制一个按钮，则弹出【动作设置】对话框，设置链接选项(见图 5-37)。

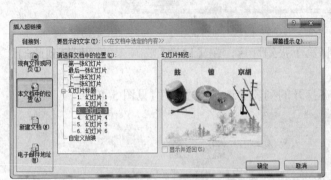

图 5-36　链接到文档内部的幻灯片　　　　图 5-37　【动作设置】对话框

(20) 单击【确定】按钮，为幻灯片创建超链接。

(21) 选择绘制的动作按钮，按 Ctrl + C 键复制按钮；切换到第 4 张幻灯片中，按 Ctrl + V 键粘贴按钮，将其调整到右下角位置；继续将其粘贴到第 5 和第 6 张幻灯片中，并分别调整到左下角和右下角位置。

(22) 切换到第 6 张幻灯片中，选择上方的艺术字，在【插入】选项卡的"链接"组中单击【超链接】按钮，在打开的【插入超链接】对话框中选择链接目标为"现有文件或网页"，然后在【地址】文本框中输入网址"http://www.art.com.cn"(见图 5-38)，单击【确定】按钮，为艺术字创建超链接。

图 5-38　插入网站链接

(23) 采用同样的方法，为幻灯片下方的艺术字建立超链接，在【插入超链接】对话框中选择链接目标为"电子邮件地址"，在【电子邮件地址】文本框中输入电子邮箱地址

"mailto:teacherzh@sina.com"，在【主题】文本框中输入"给作者的建议"(见图5-39)，然后单击【确定】按钮。

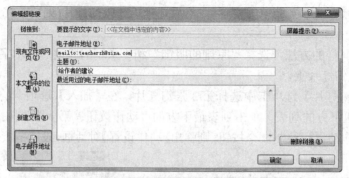

图 5-39　插入电子邮件链接

(24) 在【幻灯片】选项卡中选择第 1 张幻灯片，在【切换】选项卡的"切换到此幻灯片"组中单击"百叶窗"切换效果。

(25) 单击【效果选项】按钮，在打开的列表中选择"垂直"(见图5-40)。

图 5-40　设置动画效果选项

(26) 采用同样的方法，为其他幻灯片设置不同的切换效果。

【自主评价】

(1) 通过这个实训学会的技能：_____

_____

(2) 在这个实训中遇到的问题：_____

_____

(3) 我对这个实训的一些想法：_____

_____

【教师评价】

评　语	成　绩

实训四　制作动画效果

【实训目的】

(1) 掌握设置对象动画效果的方法。

(2) 学会设置动画选项。

(3) 掌握自定义路径动画的设置及路径的编辑方法。

(4) 学会演示文稿的打包方法。

【实训内容】

根据要求为每一张幻灯片设置动画效果，效果如图 5-41 所示。

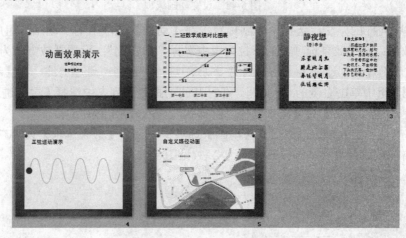

图 5-41　幻灯片设置动画效果图

【实训要求】

(1) 打开素材中提供的 "动画.pptx" 文件，将其重新保存在 "D:\学号-姓名" 文件夹中，命名为 "实训四：动画演示.pptx"。

(2) 设置动画。

① 第 1 张幻灯片：标题右侧飞入，副标题自左侧擦除，播放方式为单击播放。

② 第 2 张幻灯片：一、二班趋势线均为阶梯状动画，一班趋势线的播放方式为单击播放，二班趋势线自动在一班趋势线之后播放。

③ 第 3 张幻灯片：唐诗文字从下方飞入，播放方式为进入页面自动播放；解释文字为从右侧切入，播放方式为单击播放。

④ 第 4 张幻灯片：红色圆形以正弦路径方式播放，播放方式为单击播放。

⑤ 第 5 张幻灯片：红色圆形同时运行三种动画。一是沿自定义路径运动，播放方式为单击播放；二是彩色脉冲动画，并使圆形在运动过程中红、黄色相间不断闪动；三是放大/

缩小动画，持续时间为 0.5 秒，在运动过程中不断重复动画。

(3) 对每一张幻灯片中的对象设置完动画以后，将演示文稿打包发送，CD 名称为"打包练习"，目标文件夹为"D:\学号-姓名"文件夹。

【实训步骤】

(1) 启动 PowerPoint 2010，按 Ctrl+O 键，打开"素材"文件夹中的"动画.pptx"。

(2) 切换到【文件】选项卡，执行【另存为】命令，将其重新保存在"D:\学号-姓名"文件夹中，命名为"实训四：动画演示.pptx"。

(3) 选择第 1 张幻灯片中的标题"动画效果演示"，在【动画】选项卡的"动画"组中单击"飞入"进入效果；在【效果选项】的下拉列表中选择"自右侧"；在"计时"组中设置播放方式为单击播放(见图 5-42)。

图 5-42　设置动画选项

(4) 采用同样的方法，选择两个副标题，在【动画】选项卡的"动画"组中单击"擦除"进入效果；在【效果选项】的下拉列表中选择"自左侧"；设置播放方式为单击播放。

(5) 在【幻灯片】选项卡中切换到第 2 张幻灯片，选择一班趋势线，在【动画】选项卡的"动画"组中单击右侧的 ▼ 按钮，在打开的动画效果列表中选择【更多进入效果】选项，在【更改进入效果】对话框中选择"阶梯状"进入效果(见图 5-43)。

(6) 单击【确定】按钮，然后在【动画】选项卡中设置【效果选项】为"右下"，播放方式为单击播放，并设置动画持续时间为 2 秒(见图 5-44)。

图 5-43　【更改进入效果】对话框

图 5-44　延长动画持续时间

(7) 采用同样的方法，设置二班趋势线为"阶梯状"动画，【效果选项】为"右上"，播放方式为"上一动画之后"，并设置动画持续时间为 2 秒(见图 5-45)。

图 5-45　设置二班趋势线的动画选项

(8) 在【幻灯片】选项卡中切换到第 3 张幻灯片，选择左侧的唐诗文字，设置为"飞入"进入动画，【效果选项】为"自底部"，播放方式为"上一动画之后"，设置动画持续时间为 2 秒；继续选择右侧的解释文字，设置为"切入"进入动画，【效果选项】为"自右侧"，播放方式为单击播放。

(9) 在【幻灯片】选项卡中切换到第 4 张幻灯片，选择红色圆形，在【动画】选项卡的"动画"组中单击右侧的 ▾ 按钮，在打开的动画效果列表中选择【其他动作路径】选项，在【更改动作路径】对话框中选择"正弦波"动作路径(见图 5-46)。

(10) 单击【确定】按钮，则圆形的右侧出现了"正弦波"动作路径(见图 5-47)。

图 5-46　【更改动作路径】对话框

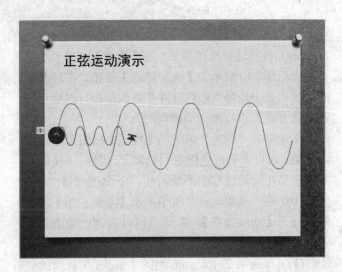

图 5-47　"正弦波"动作路径

(11) 单击动作路径将其选中，拖动路径周围的控制点，调整正弦波的大小和位置，使其与下方的底图相吻合(见图 5-48)。

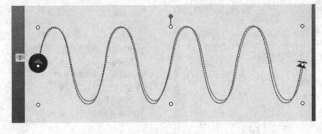

图 5-48　调整正弦波的大小和位置

(12) 选择红色圆形，在【动画】选项卡中设置播放方式为单击播放，并设置动画持续时间为 3 秒。

(13) 在【幻灯片】选项卡中切换到第 5 张幻灯片，选择红色圆形，在【动画】选项卡的"动画"组中选择【自定义路径】选项，此时光标变为十字形，参照底图，由"中国海洋大学"为开始点，"第一海水浴场"为结束点，绘制一条光滑的曲线作为动画运动的路径(注意绘制到结束点时要双击鼠标)，如图 5-49 所示；然后设置播放方式为单击播放，并设置动画持续时间为 5 秒。

图 5-49　绘制的运动路径

(14) 再次选择红色圆形，在【动画】选项卡的"高级动画"组中单击【添加动画】按钮，在打开的下拉列表中选择"彩色脉冲"强调动画，然后设置播放方式为"与上一动画同时"。

(15) 单击"预览"组中的【预览】按钮预览动画效果，可以看到红色圆形只闪动了一次，而我们需要让其在运动过程中不断闪动，下面进行修改。

(16) 在"高级动画"组中单击【动画窗格】按钮，打开【动画窗格】，在这里可以看到已经添加了两个动画效果(见图 5-50)。

(17) 单击第 2 个动画右侧的小箭头，在打开的

图 5-50　动画窗格

菜单中选择【效果选项】命令，打开【彩色脉冲】对话框，在【效果】选项卡中设置【颜色】为黄色(见图 5-51)；切换到【计时】选项卡中，设置【重复】选项为"直到下一次单击"(见图 5-52)。

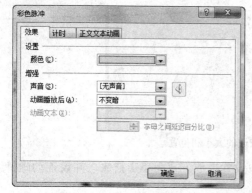

图 5-51　【效果】选项卡

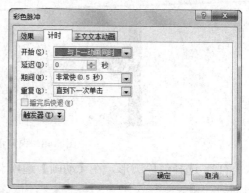

图 5-52　【计时】选项卡

(18) 单击【确定】按钮，再次单击"预览"组中的【预览】按钮预览动画效果，可以看到红色圆形在运动过程中红黄相间不断闪动。

(19) 再次选择红色圆形，参照前述操作方法，为其添加"放大/缩小"强调动画，并设置播放方式为"与上一动画同时"，持续时间为 0.5 秒。

(20) 在【动画窗格】中单击第 3 个动画右侧的小箭头，在打开的菜单中选择【效果选项】命令，打开【放大/缩小】对话框，在【计时】选项卡中设置【重复】选项为"直到下一次单击"。

(21) 按 Ctrl + S 键保存演示文稿。

(22) 切换到【文件】选项卡，选择【保存并发送】/【将演示文稿打包成 CD】命令，然后单击【打包成 CD】按钮，则弹出【打包成 CD】对话框，设置如图 5-53 所示的选项。

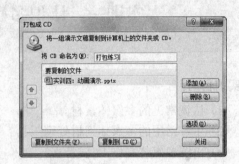

图 5-53　【打包成 CD】对话框

(23) 单击【复制到文件夹】按钮，在弹出的【复制到文件夹】对话框中指定位置为"D:\学号-姓名"文件夹。

(24) 单击【确定】按钮，在弹出的提示复制链接文件的对话框中单击【是】按钮，则开始打包演示文稿，完成后在指定的文件夹中可以看到打包后的文件。

【自主评价】

(1) 通过这个实训学会的技能：＿＿＿＿＿＿＿＿＿＿＿＿＿＿＿＿＿＿＿＿＿＿＿＿

＿＿＿＿＿＿＿＿＿＿＿＿＿＿＿＿＿＿＿＿＿＿＿＿＿＿＿＿＿＿＿＿＿＿＿＿＿＿

(2) 在这个实训中遇到的问题：＿＿＿＿＿＿＿＿＿＿＿＿＿＿＿＿＿＿＿＿＿＿＿

＿＿＿＿＿＿＿＿＿＿＿＿＿＿＿＿＿＿＿＿＿＿＿＿＿＿＿＿＿＿＿＿＿＿＿＿＿＿

(3) 我对这个实训的一些想法：＿＿＿＿＿＿＿＿＿＿＿＿＿＿＿＿＿＿＿＿＿＿＿

＿＿＿＿＿＿＿＿＿＿＿＿＿＿＿＿＿＿＿＿＿＿＿＿＿＿＿＿＿＿＿＿＿＿＿＿＿＿

【教师评价】

评　　语	成　　绩

第6章　计算机多媒体基础

实训一　认识多媒体素材与处理工具

【实训目的】

(1) 认识常见的多媒体素材。

(2) 了解常用的多媒体素材处理工具。

(3) 了解多媒体制作工具。

【实训内容】

认识多媒体素材与处理工具。

【实训要求】

(1) 列出文字、图像、声音、视频素材的处理工具,根据自己的认识,尽可能多列出几个。

(2) 列出 Flash、Director、Authorware 在制作多媒体方面的优势。

(3) 在计算机上分别安装 Flash、Director、Authorware 软件,并认识其工作界面。

【实训步骤】

(1) 在表 6-1 中填写文字、图像、声音、视频素材的处理工具。

表 6-1　多媒体素材的处理工具

素材类型	处理工具
文字	
图像	
声音	
视频	

(2) 在表 6-2 中填写常用多媒体制作工具的优势。

表 6-2　多媒体制作工具及优势

多媒体制作工具	优　势
Flash	
Director	
Authorware	

(3) 在计算机上分别安装 Flash、Director、Authorware 软件，如果没有条件，此步骤可以不做。

(4) 启动 Flash 软件并观察其工作界面。Flash 软件比较流行，在制作网页、动画、多媒体、课件等方面应用较多。

(5) 启动 Director 软件并观察其工作界面(见图 6-1)。Director 是一个比较专业的可视化多媒体开发工具，功能非常强大。

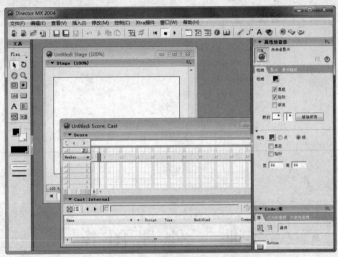

图 6-1　Director MX2004 的工作界面

(6) 启动 Authorware 软件并观察其工作界面(见图 6-2)。Authorware 是一个基于流程线式的多媒体制作工具，在课件制作领域应用较多，目前该软件已经停止版本升级，但使用者仍然很多。

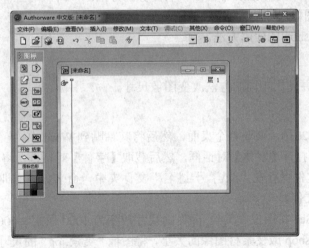

图 6-2　Authorware 7.0 的工作界面

【自主评价】

(1) 通过这个实训学会的技能：_____

(2) 在这个实训中遇到的问题：_____

(3) 我对这个实训的一些想法：_____

【教师评价】

评　语	成　绩

实训二　处理图像

【实训目的】

(1) 掌握用 Windows 中的屏幕截图获取图像的方法。

(2) 掌握改变图像尺寸的方法。

(3) 体验 Photoshop 的使用方法。

【实训内容】

获取屏幕图像并使用不同的方法改变图像尺寸。

【实训要求】

(1) 启动 Word 2010，截取整个桌面，然后将其粘贴到 Word 中。

(2) 在 Word 中打开【字体】对话框，然后截取【字体】对话框，将其粘贴到 Word 中。

(3) 将 Word 文件保存在"D:\学号-姓名"文件夹中，命名为"实训二：处理图像之截屏.docx"，关闭该文件。

(4) 使用 ACDSee 将图像"美景.jpg"的尺寸改变为 1000 像素 × 600 像素。

(5) 使用 Photoshop 改变素材图像的大小，将图像"美景.jpg"的尺寸改变为 800 像素 × 505 像素。

【实训步骤】

(1) 启动 Word 2010。

(2) 按 PrintScreen 键，截取整个桌面，将其存储在 Windows 的剪贴板中。截取的桌面可以粘贴到任意程序中，如画图、Word、Photoshop 等。

(3) 按 Ctrl + V 键，将截取的图像粘贴到 Word 中(见图 6-3)。

图 6-3　粘贴截取的桌面

(4) 按 Ctrl + D 键打开【字体】对话框。

(5) 按 Alt + PrintScreen 键，然后关闭【字体】对话框；再按 Ctrl + V 键，将截取的图像粘贴到 Word 中，可以发现此时截取的是【字体】对话框(见图 6-4)。

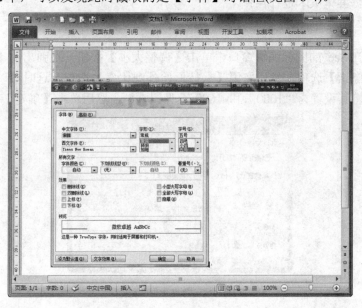

图 6-4　粘贴截取的图像

(6) 将 Word 文档保存到"D:\学号-姓名"文件夹中，命名为"实训二：处理图像之截屏.docx"，然后关闭 Word 文档。

(7) 启动 ACDSee 12.0，在文件夹窗口中找到"素材"文件夹，选择其中的"美景.jpg"图像，按 Alt + Ctrl + X 键，打开 ACDSee 的图像编辑窗口(见图 6-5)。

图 6-5　ACDSee 的图像编辑窗口

ACDSee 的版本不同，操作上也会略有区别，书中使用的是 ACDSee 12.0，它的图像编辑是在一个独立的工作窗口中，称为 ACD FotoCanvas。如果机房装有不同的版本，可根据具体版本进行操作。

(8) 在 ACDSee 的图像编辑窗口中单击【调整大小】按钮，在弹出的【调整大小】对话框中选择【像素】选项，然后取消【保持原始外观比率】选项，这时可以自由设置宽度与高度，分别将其设置为"1000"和"600"(见图 6-6)，然后单击【确定】按钮。

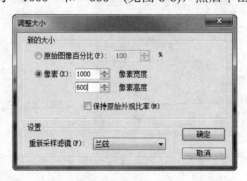

图 6-6　更改图像大小

(9) 执行菜单栏中的【文件】/【另存为】命令，将更改尺寸后的图像重新保存为"美景 1.jpg"。

(10) 启动 Photoshop 软件。

(11) 执行菜单栏中的【文件】/【打开】命令，打开"素材"文件夹中的"美景.jpg"图像文件(见图 6-7)。

图 6-7　打开的图像

(12) 执行菜单栏中的【图像】/【图像大小】命令，在弹出的【图像大小】对话框中勾选【约束比例】选项，这样可以确保图像的长宽比例不变；在【像素大小】下方设置【宽度】为"800"，则高度自动发生变化，如图 6-8 所示，单击【确定】按钮即完成图像尺寸的更改。

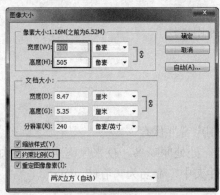

图 6-8　更改图像的大小

(13) 执行菜单栏中的【文件】/【存储为】命令，将更改尺寸后的图像重新保存为"美景 2.jpg"。

【自主评价】

(1) 通过这个实训学会的技能：＿＿＿＿＿＿＿＿＿＿＿＿＿＿＿＿＿＿＿＿＿＿＿＿＿＿

(2) 在这个实训中遇到的问题：＿＿＿＿＿＿＿＿＿＿＿＿＿＿＿＿＿＿＿＿＿＿＿＿＿＿

(3) 我对这个实训的一些想法：＿＿＿＿＿＿＿＿＿＿＿＿＿＿＿＿＿＿＿＿＿＿＿＿＿＿

【教师评价】

评　语	成　绩

实训三　录制与播放声音

【实训目的】

(1) 掌握 Windows 中的多媒体功能。

(2) 掌握录音机的使用方法。

(3) 掌握媒体播放器的使用方法。

【实训内容】

练习录制与播放声音。

【实训要求】

(1) 利用录音机程序录制声音并保存。

录制诗句"春眠不觉晓，处处闻啼鸟。夜来风雨声，花落知多少。"，将录制好的声音保存在"D:\学号-姓名"文件夹中，命名为"春晓.wma"。

(2) 练习使用媒体播放器。

利用媒体播放器播放"春晓.wma"以及自己喜欢的一张 VCD 影碟。

【实训步骤】

(1) 将麦克风的插头插入声卡的 MIC 插孔。

(2) 打开【开始】菜单，执行【所有程序】/【附件】/【录音机】命令，打开【录音机】窗口(见图 6-9)。

图 6-9　【录音机】窗口

(3) 单击 ● 开始录制(S) 按钮即可开始录制声音，这时对着麦克风录音即可。

(4) 录音完毕后，单击 ■ 停止录制(S) 按钮，弹出【另存为】对话框，在此可以保存录制的声音，将其保存为"春晓.wma"。

(5) 在【开始】菜单中执行【开始】/【所有程序】/【Windows Media Player】命令，打开 Windows Media Player 的工作界面。

(6) 按住 Alt 键或者在标题栏下方单击鼠标右键，打开一个菜单，从中选择【文件】/【打开】命令(见图 6-10)，这时将弹出【打开】对话框，选择要播放的"春晓.wma"音频文件。

图 6-10　执行【打开】命令

(7) Windows Media Player 播放器窗口的下方有一排播放控制按钮，单击 ⏸ 按钮暂停播放，单击 ⏹ 按钮停止播放。

(8) 按住 Alt 键，从弹出的菜单中选择【文件】/【打开】命令，在【打开】对话框中选择"素材"文件夹中的"泼水节.mpg"视频文件。

(9) 观看视频并进行播放控制。

【自主评价】

(1) 通过这个实训学会的技能：＿＿＿＿＿＿＿＿＿＿＿＿＿＿＿＿＿＿＿＿＿＿＿＿

＿＿＿＿＿＿＿＿＿＿＿＿＿＿＿＿＿＿＿＿＿＿＿＿＿＿＿＿＿＿＿＿＿＿＿＿＿＿

(2) 在这个实训中遇到的问题：＿＿＿＿＿＿＿＿＿＿＿＿＿＿＿＿＿＿＿＿＿＿＿＿

＿＿＿＿＿＿＿＿＿＿＿＿＿＿＿＿＿＿＿＿＿＿＿＿＿＿＿＿＿＿＿＿＿＿＿＿＿＿

(3) 我对这个实训的一些想法：＿＿＿＿＿＿＿＿＿＿＿＿＿＿＿＿＿＿＿＿＿＿＿＿

＿＿＿＿＿＿＿＿＿＿＿＿＿＿＿＿＿＿＿＿＿＿＿＿＿＿＿＿＿＿＿＿＿＿＿＿＿＿

【教师评价】

评　语	成　绩

第 7 章　计算机网络基础

实训一　设置、查看 IP 地址

【实训目的】

(1) 理解并掌握局域网的概念及配置信息。

(2) 学会查看本机的 IP 地址。

(3) 了解典型的网络拓扑结构及其优缺点。

【实训内容】

(1) 查看学校实验室的网络拓扑结构，以及软、硬件系统的组成。

(2) 查看本机的 IP 地址。

【实训要求】

(1) 根据老师要求，查看本校实验室的网络拓扑结构，以及软、硬件系统的组成。该项实训可根据实际情况进行取舍。

(2) 列出几种典型的网络拓扑结构及其优缺点。

(3) 分别写出本机的 IP 地址、子网掩码、默认网关、DNS 服务器等信息。

【实训步骤】

(1) 查看本校实验室的网络拓扑结构(略)。

(2) 在表 7-1 中填写几种典型的网络拓扑结构及其优缺点。

表 7-1　典型的网络拓扑结构及其优缺点

拓扑结构	优　缺　点
	优点：
	缺点：
	优点：
	缺点：
	优点：
	缺点：
	优点：
	缺点：

(3) 在【开始】菜单中单击【控制面板】命令，打开控制面板，在"网络和 Internet"类别下单击"查看网络状态和任务"文字链接，在打开的窗口中单击"本地连接"文字链接(见图 7-1)。

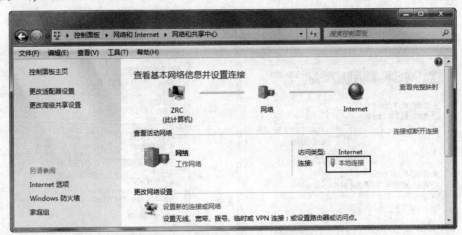

图 7-1　单击"本地连接"文字链接

　　　如果在桌面上显示"网络"图标，可以在该图标上单击鼠标右键，在弹出的快捷菜单中选择【属性】命令，打开上述窗口。

(4) 在打开的【本地连接 状态】对话框(见图 7-2)中单击【属性】按钮，打开【本地连接 属性】对话框(见图 7-3)。

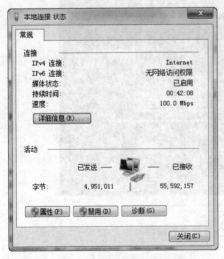

图 7-2　【本地连接 状态】对话框

图 7-3　【本地连接 属性】对话框

(5) 在【此连接使用下列项目】列表中选择【Internet 协议版本 4(TCP/IPv4)】选项，单击【属性】按钮，打开【Internet 协议版本 4(TCP/IPv4)属性】对话框，在该对话框中可以查看所在计算机的 IP 地址，也可分别设置已分配好的"IP 地址"和"子网掩码"。若对话框中显示【自动获得 IP 地址】，则 IP 地址等内容为空(见图 7-4)。

　　(6) 在【本地连接 状态】对话框中除了可以查看 IP 地址的属性外，也可以直接单击【详细信息】按钮，打开【网络连接详细信息】对话框，在该对话框中可以看到详细的信息(见图 7-5)。

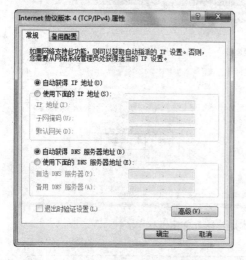 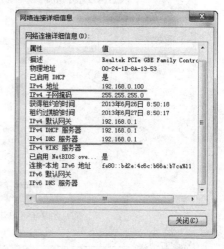

图 7-4　【Internet 协议版本 4(TCP/IPv4)属性】对话框　　图 7-5　【网络连接详细信息】对话框

　　(7) 执行【开始】/【所有程序】/【附件】/【命令提示符】命令，打开【命令提示符】窗口，在光标所在位置输入"IPCONFIG"命令后回车，可查看 IP 地址等信息(见图 7-6)。

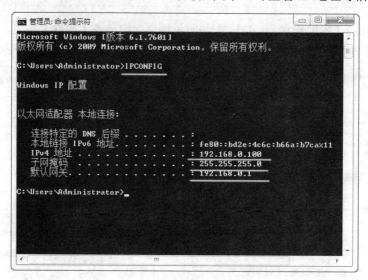

图 7-6　【命令提示符】窗口

　　(8) 记录 IP 地址。

IP 地址：_____. _____. _____. _____;

子网掩码：_____. _____. _____. _____;

默认网关：_____. _____. _____. _____;

DNS 服务器：_____. _____. _____. _____。

【自主评价】

(1) 通过这个实训学会的技能：_____

_____

(2) 在这个实训中遇到的问题：_____

_____

(3) 我对这个实训的一些想法：_____

_____

【教师评价】

评　语	成　绩

实训二　设置和实现资源共享

【实训目的】

(1) 掌握设置资源共享的方法。

(2) 学会使用共享资源。

【实训内容】

在局域网中设置与使用共享资源。

【实训要求】

(1) 设置资源共享。

① 在计算机的 D 盘下建立一个新的文件夹，命名为"计算机应用"，并在该文件夹下创建一个 Word 文档，内容自定义。

② 将"计算机应用"文件夹设置为共享。

(2) 利用其他 PC 查看并下载共享的资源。

【实训步骤】

(1) 打开【计算机】窗口并切换到 D 盘，然后新建一个文件夹，命名为"计算机应用"，在该文件夹下创建或复制一个 Word 文档，内容任意即可。

(2) 在"计算机应用"文件夹上单击鼠标右键，在弹出的快捷菜单中选择【属性】命令，如图 7-7 所示；在弹出的【计算机应用属性】对话框中选择【共享】选项卡，如图 7-8 所示，在这里可以设置共享与高级共享。

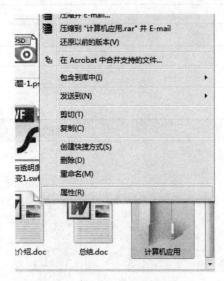
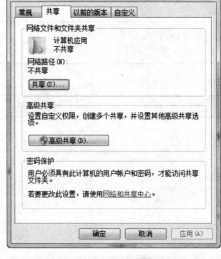

图 7-7　执行【属性】命令　　　　　　　　图 7-8　【共享】选项卡

(3) 单击【共享】按钮，弹出【文件共享】对话框，在该对话框的下拉列表中选择【Everyone】选项，单击右侧的【添加】按钮，则"Everyone"出现在下方的列表中；在右侧的【权限级别】列中单击黑色小箭头，在打开的列表中选择【读/写】选项(见图 7-9)，这样其他计算机上的用户可以对该文件夹下的文件进行读取与改写操作。

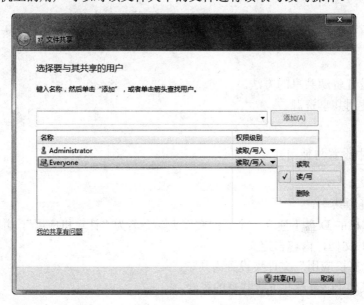

图 7-9　选择【读/写】选项

(4) 单击【共享】按钮进入下一个界面，提示文件夹已共享(见图 7-10)，单击【完成】按钮即可完成共享的设置。

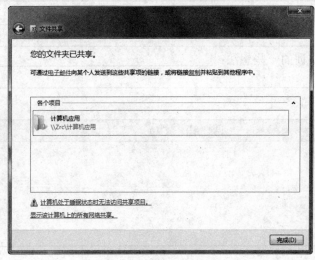

图 7-10　文件夹已共享

(5) 还可以通过高级共享设置更多的选项。在【计算机应用属性】对话框的【共享】选项卡中单击【高级共享】按钮，弹出【高级共享】对话框(见图 7-11)，在该对话框中可以限制共享用户数，或指定共享用户。

(6) 单击【添加】按钮，可以新建共享并指定用户数。这里直接对"计算机应用"文件夹限制用户为 1 人，然后单击【权限】按钮，在弹出的【计算机应用的权限】对话框中选择【允许】列中的"完全控制"(见图 7-12)，然后依次单击【确定】按钮，这样也可以设置共享，而且可以控制共享的用户数。

图 7-11　【高级共享】对话框

图 7-12　【计算机应用的权限】对话框

(7) 在同一网络的另一台计算机中双击桌面上的"网络"或"网上邻居"图标，在打开的对话框中查看并编辑共享的文件。

【自主评价】

(1) 通过这个实训学会的技能：_____

(2) 在这个实训中遇到的问题: _____

(3) 我对这个实训的一些想法: _____

【教师评价】

评 语	成 绩

实训三　设置远程桌面

【实训目的】

(1) 掌握 Windows 7 下设置远程桌面的方法。

(2) 掌握访问远程桌面的方法。

【实训内容】

在局域网内设置与访问远程桌面。

【实训要求】

(1) 在一台计算机上设置远程桌面。

(2) 在另一台计算机上访问并操作远程桌面。

【实训步骤】

(1) 在桌面的"计算机"图标上单击鼠标右键，在弹出的快捷菜单中选择【属性】命令，打开控制面板(见图 7-13)。

图 7-13　控制面板

(2) 在控制面板中单击左侧的"远程设置"文字链接，打开【系统属性】对话框，在【远程桌面】选项组中选择第 2 个选项(见图 7-14)。如果弹出警告信息，则直接单击【确定】按钮(见图 7-15)。

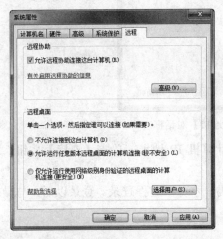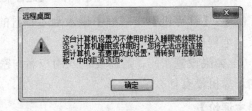

图 7-14　【系统属性】对话框　　　　　　　图 7-15　警告信息

(3) 在【系统属性】对话框中单击【确定】按钮，完成远程桌面的设置。

(4) 在桌面的"网络"图标上单击鼠标右键，在弹出的快捷菜单中选择【属性】命令，打开控制面板。

(5) 在控制面板中单击左侧的"更改适配器设置"文字链接；然后在"本地连接"图标上单击鼠标右键，在弹出的快捷菜单中选择【属性】命令。

(6) 在弹出的【本地连接 属性】对话框中选择【Internet 协议版本 4(TCP/IPv4)】选项(见图 7-16)，然后单击【属性】按钮，在弹出的【Internet 协议版本 4(TCP/IPv4)属性】对话框中可以查看本机的 IP 地址(见图 7-17)。

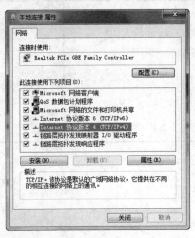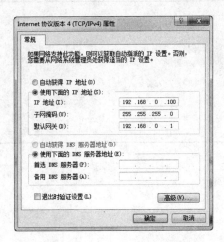

图 7-16　【本地连接 属性】对话框　　　　　图 7-17　查看本机的 IP 地址

(7) 创建了远程桌面以后，如果要在另一台计算机上进行登录，只需要建立连接即可。具体操作步骤如下：

① 在另一台计算机上打开【开始】菜单，执行【所有程序】/【附件】/【远程桌面连

接】命令，弹出【远程桌面连接】对话框(见图 7-18)。

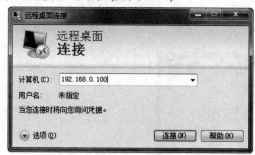

图 7-18　【远程桌面连接】对话框

② 在【计算机】文本框中输入刚才查看的计算机 IP 地址，单击【连接】按钮，即可连接到远程桌面。

③ 如果设置密码，还需要输入用户名与密码，才可以远程登录。登录以后，与操作自己的计算机没有什么区别。

【自主评价】

(1) 通过这个实训学会的技能： _____

_____

(2) 在这个实训中遇到的问题： _____

_____

(3) 我对这个实训的一些想法： _____

_____

【教师评价】

评　语	成　绩

第 8 章　Internet 的应用

实训一　使用 Internet Explorer

【实训目的】

(1) 学会使用各种浏览器浏览网页。

(2) 掌握 IE 浏览器中主页的设置方法。

(3) 掌握收藏夹的使用及保存网页信息的方法。

(4) 学会清除 IE 使用痕迹的方法。

【实训内容】

(1) 列出常用的网络浏览器名称与特点。

(2) 学习使用 IE 浏览器的基本方法。

【实训要求】

(1) 列出常用的网络浏览器名称与特点。

(2) 使用 IE 浏览器浏览"www.sina.com.cn"网站的内容。

(3) 将"新浪"网站添加到收藏夹中，通过收藏夹打开网页。

(4) 将"新浪"网页保存到"D:\学号-姓名"文件夹中。

(5) 将 IE 浏览器的起始主页设置为"www.sina.com.cn"网站。

(6) 清除 IE 的使用痕迹，包括临时文件、Cookies、历史记录等。

【实训步骤】

(1) 在表 8-1 中填写几种常用的浏览器名称及特点。

表 8-1　几种常用的浏览器名称及特点

浏览器名称	特　　点

(2) 双击桌面上的 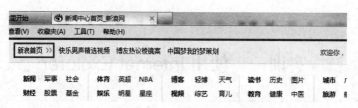 图标，或者单击【开始】/【Internet Explorer】命令，启动 IE 浏览器。

(3) 在浏览器的地址栏中单击鼠标后输入网址"www.sina.com.cn"，并按回车键，进入新浪首页；在首页中单击自己感兴趣的文字链接，浏览相应的内容。

(4) 单击浏览器窗口上方的"新浪首页"文字链接，从其他网页中返回新浪首页(见图8-1)。

图 8-1   返回新浪首页

(5) 单击菜单栏中的【收藏夹】/【添加到收藏夹】命令，在弹出的【添加收藏】对话框中单击【添加】按钮，将新浪首页添加到收藏夹中。

(6) 单击【新浪首页】选项卡右侧的"×"号，关闭新浪网页。

(7) 单击菜单栏中的【收藏夹】/【新浪首页】命令，通过收藏夹打开新浪首页。

(8) 单击菜单栏中的【文件】/【另存为】命令，在打开的【保存网页】对话框中设置保存位置为"D:\学号-姓名"文件夹，单击【保存】按钮，完成保存网页的操作。

(9) 单击菜单栏中的【工具】/【Internet 选项】命令，打开【Internet 选项】对话框；在【常规】选项卡的"主页"选项组中单击【使用当前页】按钮，再单击【确定】按钮，则将 IE 浏览器的起始主页设置为"www.sina.com.cn"网站。

(10) 单击菜单栏中的【工具】/【Internet 选项】命令，打开【Internet 选项】对话框；在【常规】选项卡的"浏览历史记录"选项组中单击【删除】按钮，在弹出的【删除浏览的历史记录】对话框中选择要删除的选项(见图8-2)。

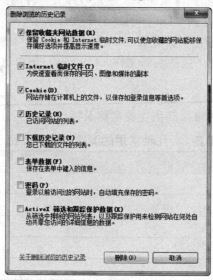

图 8-2   【删除浏览的历史记录】对话框

(11) 单击【删除】按钮，再单击【确定】按钮确认操作。

【自主评价】

(1) 通过这个实训学会的技能：_____

_____

(2) 在这个实训中遇到的问题：_____

_____

(3) 我对这个实训的一些想法：_____

_____

【教师评价】

评　　语	成　　绩

实训二　利用百度搜索相关资料

【实训目的】

(1) 掌握在网络上搜索资源的方法。

(2) 熟练掌握百度搜索引擎的使用方法。

【实训内容】

进行一些特殊搜索，如音乐搜索、电影搜索、地图搜索等。

【实训要求】

(1) 利用百度网页搜索"神舟十号"的最新信息，并浏览信息。

(2) 利用百度音乐搜索王菲的"传奇"歌曲，并试听歌曲。

(3) 利用百度地图查询青岛市的"中国海洋大学崂山校区"到"青岛火车站"的公交信息。

(4) 利用百度视频搜索视频"烦人的橙子方言版"，并观看视频。

(5) 利用百度图片搜索周杰伦的图片，并浏览图片。

(6) 利用百度知道搜索本地大学生招聘会的信息，并了解招聘会的地址和时间。

【实训步骤】

(1) 双击桌面上的  图标，启动 IE 浏览器。

(2) 在浏览器的地址栏中输入网址"http://www.baidu.com"，并按回车键，进入百度首页。该页面中有一个搜索框，搜索框的上方有多个文字超链接，用于搜索相应的内容，默认显示的是"网页"(见图 8-3)。

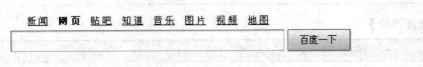

图 8-3　百度首页

(3) 在搜索框中输入关键字"神舟十号"，然后单击【百度一下】按钮或按回车键确认，在打开的搜索结果中单击相关的文字链接，浏览相关信息。

(4) 在网页上方的搜索框中输入关键字"王菲 传奇"，然后单击搜索框上方的"音乐"超链接，搜索出多首歌曲(见图 8-4)；在页面中单击"传奇"歌曲名称右侧的 ▶ 按钮，在弹出的【百度音乐盒】窗口中试听歌曲。如果单击"传奇"歌曲名称右侧的 ⬇ 按钮，则可以下载歌曲。

歌曲(179)	歌手(0)	专辑(0)	歌词(8)

□ 全部	▶播放选中歌曲	＋加入播放列表			
□ 01	传奇 🎵 电视剧《塞外奇侠传》主题曲	王菲		高品质 ▶ ＋ ⬇
□ 02 🔊	传奇 🎵 电视剧《塞外奇侠传》主题曲	王菲	《我们的爱我不放手 CDB》	▶ ＋ ⬇
□ 03	我们的歌谣 🎵	凤凰传奇	《大声唱》	高品质 ▶ ＋ ⬇

图 8-4　搜索出的歌曲

(5) 在百度页面上方单击"地图"超链接，打开百度地图，在【修改城市】列表中选择"青岛市"(见图 8-5)。

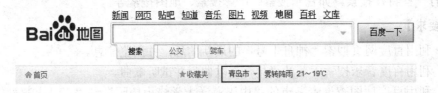

图 8-5　修改城市

(6) 在搜索框中输入关键字"中国海洋大学崂山校区"，然后单击搜索框下方的"公交"超链接，在搜索框中输入起点"青岛火车站"，单击【百度一下】按钮，搜索出相应的公交路线(见图 8-6)。

图 8-6　搜索出的公交路线

（7）在百度页面上方单击"视频"超链接，在搜索框中输入关键字"烦人的橙子方言版"，单击【百度一下】按钮，搜索出符合要求的多个视频；将光标指向视频画面，则画面中出现一个播放按钮，单击该按钮，播放相应的视频。

（8）在百度页面上方单击"图片"超链接，在搜索框中输入关键字"周杰伦"，单击【百度一下】按钮，搜索出多个周杰伦的图片；单击图片，在打开的页面中放大显示该图片；单击图片左、右侧的箭头按钮，浏览其他图片。

（9）在百度页面上方单击"知道"超链接，在搜索框中输入关键字，例如输入"北京大学生招聘会"，单击【搜索答案】按钮，搜索出北京大学生招聘会的相关信息；浏览相关的信息，了解招聘会的地址和招聘时间。

【自主评价】

（1）通过这个实训学会的技能：＿＿＿＿＿＿＿＿＿＿＿＿＿＿＿＿＿＿＿＿＿＿＿＿＿＿＿

＿＿

（2）在这个实训中遇到的问题：＿＿＿＿＿＿＿＿＿＿＿＿＿＿＿＿＿＿＿＿＿＿＿＿＿＿＿＿

＿＿

（3）我对这个实训的一些想法：＿＿＿＿＿＿＿＿＿＿＿＿＿＿＿＿＿＿＿＿＿＿＿＿＿＿＿＿

【教师评价】

评　语	成　绩

实训三　申请与使用电子邮件

【实训目的】

(1) 了解可以提供免费邮箱的网站。

(2) 掌握申请免费 Web 邮箱的方法。

(3) 学会使用 Web 邮箱收发电子邮件。

【实训内容】

分别在新浪、网易网站上各申请一个免费邮箱，然后在两个邮箱之间收发电子邮件。

【实训要求】

(1) 列出几个比较知名的提供免费邮箱的网站。

(2) 在新浪网站上申请一个电子邮箱，用户名自定。

(3) 在网易网站上申请一个电子邮箱，用户名自定。

(4) 利用新浪邮箱向网易 163 邮箱发送一封电子邮件，主题为"摄影比赛"，并附上一张图片。

(5) 打开网易 163 邮箱查看收到的邮件，并进行回复。

【实训步骤】

(1) 通过调查，在表 8-2 中填写出 4 个提供免费邮箱的网站与网址。

表 8-2　提供免费邮箱的网站与网址

提供免费邮箱的网站	邮箱名称后缀	申请邮箱网址
新浪		
网易		
搜狐		
QQ		

(2) 启动 IE 浏览器，在地址栏中输入网址"http://mail.sina.com.cn"，并按回车键，进入新浪邮箱登录网页，单击"立即注册"文字链接(见图 8-7)。

(3) 进入申请新浪邮箱的页面，并根据提示输入邮箱地址、登录密码、确认密码、密保问题、密保问题答案和昵称，并输入验证码，然后单击【同意以下协议并注册】按钮(见图 8-8)。

(4) 进入注册邮箱的第二步，要求激活邮箱。输入手机号码，然后单击右侧的【免费获取短信验证码】按钮，这时手机会收到一条短信获得验证码，输入该验证码(见图 8-9)。

(5) 单击【马上激活】按钮，激活邮箱并进入到邮箱中。注意，这时不要关闭该页面，因为后面还要用它来发送邮件。

图 8-7　新浪邮箱登录网页

图 8-8　输入邮箱信息

图 8-9　输入验证码

(6) 采用同样的方法，申请一个网易 163 邮箱并关闭申请页面。邮箱的申请方法与新浪邮箱的申请方法大同小异，这里不再重复。

　　申请电子邮箱的方法基本一样，不同的网站会略有区别，但总体上都是两种方式：一是利用电子邮箱激活；一是利用手机激活。

(7) 在新浪邮箱页面中单击左上角的【写信】按钮，进入写信页面，写书一封邮件；在【收件人】文本框中输入刚才注册的网易 163 邮箱地址；在【主题】文本框中输入"摄影比赛"；单击"上传附件"文字链接，在弹出的对话框中双击一幅图片，这样就完成了邮件的写书(见图 8-10)。

图 8-10　完成的邮件

> 　　如果要把同一封电子邮件发送给多个人，则在【收件人】邮箱地址的右上方单击"添加抄送"文字链接，这时出现【抄送】文本框，在该文本框中输入抄送人的邮箱地址即可。如果抄送多人，则邮箱地址之间用逗号"，"分隔。

(8) 单击页面上方或下方的【发送】按钮即可发送邮件。

(9) 在 IE 浏览器地址栏中输入网址"http://mail.163.com"，并按回车键，进入网易邮箱登录网页，输入邮箱名称及密码，单击【登录】按钮登录邮箱(见图 8-11)。

(10) 单击页面左侧的"收件箱"超链接，在页面右侧单击刚才收到的邮件，浏览邮件内容。

(11) 单击页面上方的【回复】按钮，给对方写一封回信，然后单击【发送】按钮即可回复邮件(见图 8-12)。

图 8-11　登录邮箱

图 8-12　回复邮件

【自主评价】

(1) 通过这个实训学会的技能：＿＿＿＿＿＿＿＿＿＿＿＿＿＿＿＿＿＿＿＿＿

＿＿＿＿＿＿＿＿＿＿＿＿＿＿＿＿＿＿＿＿＿＿＿＿＿＿＿＿＿＿＿＿＿＿＿＿

(2) 在这个实训中遇到的问题：＿＿＿＿＿＿＿＿＿＿＿＿＿＿＿＿＿＿＿＿＿

＿＿＿＿＿＿＿＿＿＿＿＿＿＿＿＿＿＿＿＿＿＿＿＿＿＿＿＿＿＿＿＿＿＿＿＿

(3) 我对这个实训的一些想法：＿＿＿＿＿＿＿＿＿＿＿＿＿＿＿＿＿＿＿＿＿

＿＿＿＿＿＿＿＿＿＿＿＿＿＿＿＿＿＿＿＿＿＿＿＿＿＿＿＿＿＿＿＿＿＿＿＿

【教师评价】

评　　语	成　　绩

实训四　使用 Windows Live Mail

【实训目的】

(1) 掌握 Windows Live Mail 的邮件配置方法。

(2) 学会使用 Windows Live Mail 收发电子邮件。

(3) 掌握创建与使用通讯簿的方法。

【实训内容】

(1) 将"实训三"中申请的电子邮箱配置给 Windows Live Mail。

(2) 使用 Windows Live Mail 收发电子邮件。

(3) 建立一个通讯簿。

【实训要求】

(1) 将"实训三"中申请的电子邮箱配置给 Windows Live Mail(每个人申请的邮箱不同，所以邮箱地址也是不同的，本实训中使用 qdsafsd@163.com 邮箱进行介绍)。

(2) 使用 Windows Live Mail 向电子邮箱 qdzhhb@sina.cn 发送一封电子邮件。

(3) 使用电子邮箱 qdzhhb@sina.cn 回复邮件并使用 Windows Live Mail 进行接收。

(4) 建立一个常用的通讯簿，任意编写几位同学的联系方式。

【实训步骤】

(1) 启动 Windows Live Mail。

(2) 在 Windows Live Mail 窗口中选择【账户】选项卡，单击【电子邮件】按钮，弹出【Windows Live Mail】对话框，在这里填写电子邮件地址"qdsafsd@163.com"与密码，并勾选【记住该密码】选项(见图 8-13)。

(3) 单击【下一步】按钮，完成邮件账户的配置。如果要继续添加其他邮件账户，可以单击下方的"添加其他电子邮件账户"文字链接(见图 8-14)。

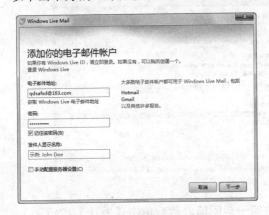

图 8-13　添加电子邮件账户

图 8-14　完成邮件账户的配置

(4) 单击【完成】按钮，结束操作。配置完邮箱以后，Windows Live Mail 会自动接收该邮箱中的邮件(见图 8-15)。

图 8-15　接收的邮件

(5) 在 Windows Live Mail 窗口中单击【电子邮件】按钮，打开【新邮件】窗口；在【收件人】文本框中输入收件人的电子邮件地址"qdzhhb@sina.cn"；在【主题】文本框中输入邮件主题；然后在邮件编辑区中输入邮件的正文内容(见图 8-16)。

图 8-16　完成的邮件

(6) 单击【收件人】左侧的【发送】按钮，即可完成邮件的发送。

(7) 登录电子邮箱 qdzhhb@sina.cn，查看收到的邮件，如图 8-17 所示。

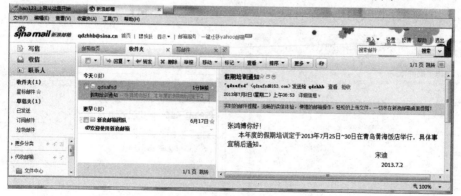

图 8-17　收到的邮件

(8) 单击页面上方的【回复】按钮，给对方写一封回信，然后单击【发送】按钮。

(9) 切换到 Windows Live Mail 窗口中，在【开始】选项卡的"工具"组中单击【发送
/接收】按钮下方的三角形箭头，在打开的下拉列表中选择账户"163(qdsafsd)"，这时
Windows Live Mail 开始接收邮件，并将收到的邮件保存在收件箱中，单击该邮件，可以查
看邮件内容(见图 8-18)。

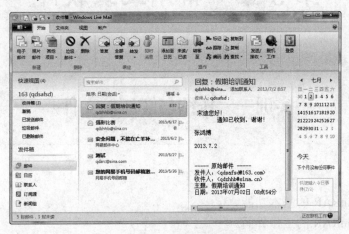

图 8-18　查看邮件内容

(10) 在 Windows Live Mail 窗口左侧的导航列表中单击【联系人】选项，在【开始】
选项卡的"新建"组中单击【联系人】按钮，弹出【添加联机联系人】对话框；在左侧选
择【快速添加】选项，在右侧输入同学的姓名、个人电子邮件、电话、公司等信息，单击
【添加联系人】按钮添加联系人。

(11) 采用同样的方法，再添加几位联系人。

【自主评价】

(1) 通过这个实训学会的技能：_____

_____

(2) 在这个实训中遇到的问题：_____

_____

(3) 我对这个实训的一些想法：_____

_____

【教师评价】

评　　语	成　绩

第 9 章　常用工具软件

实训一　压缩与解压缩文件

【实训目的】

(1) 了解 WinRAR 的基本功能。

(2) 熟悉 WinRAR 的工作界面。

(3) 熟练掌握使用 WinRAR 进行压缩、解压缩的方法。

【实训内容】

安装 WinRAR 文件，对文件进行不同的压缩、解压缩。

【实训要求】

(1) 安装 WinRAR 软件。

(2) 在 D 盘上建立一个文件夹，并放入一些文件，然后进行压缩操作，将压缩文件命名为"我的文件.rar"。

① 进行快速压缩。

② 进行加密压缩，加密密码为 123456。

③ 进行分卷压缩，第一个分卷为 1 MB。

④ 压缩为可执行文件。

(3) 对压缩的文件进行解压缩，将文件解压缩到"D:\学号-姓名"文件夹下。

① 快速解压缩文件。

② 加密文件的解压缩。

③ 对分卷压缩包进行解压缩。

④ 自动解压具有可执行文件的压缩包。

(4) 讨论压缩和解压缩文件过程中出现的问题或现象。

【实训步骤】

如果实训计算机上没有安装 WinRAR 软件，可根据实训步骤(1)~(4)进行安装；如果实训计算机上已经安装有 WinRAR 软件，可从实训步骤(5)开始。

(1) 下载 WinRAR。

(2) 双击下载的 WinRAR 安装包，弹出安装界面，单击【安装】按钮。

(3) 认真阅读其中的设置说明，根据需要选择相应的选项，单击【确定】按钮。

(4) 安装完毕后会弹出安装完成提示框，单击【完成】按钮。

(5) 启动 WinRAR。

(6) 在主界面中单击【向导】按钮，或者选择菜单栏中的【工具】/【向导】命令，在弹出的【向导】对话框中选择【创建新的压缩文件】选项，单击【下一步】按钮(见图 9-1)。

(7) 在【请选择要添加的文件】对话框中选择要压缩的文件，例如选择"D:\我的文件"(注意，这个文件夹需要提前创建)，然后单击【确定】按钮。

(8) 在弹出的对话框中输入压缩文件名称"我的文件"，单击【下一步】按钮(见图 9-2)。

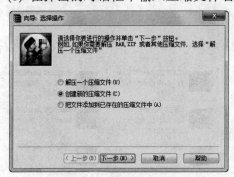
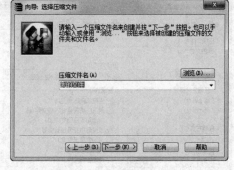

图 9-1　【向导】对话框　　　　　　　　　图 9-2　输入压缩文件名称

(9) 在弹出的对话框中输入选项，直接单击【完成】按钮，这时压缩包将出现在桌面上。

(10) 如果要进行快速压缩，可以不必打开 WinRAR，直接在"D:\我的文件"文件夹上单击鼠标右键，从弹出的快捷菜单中选择【添加到"我的文件.rar"】命令。

(11) 继续在"D:\我的文件"文件夹上单击鼠标右键，从弹出的快捷菜单中选择【添加到压缩文件】命令。

(12) 在弹出的【压缩文件名和参数】对话框中选择【高级】选项卡，然后单击【设置密码】按钮(见图 9-3)。

(13) 在弹出的【输入密码】对话框中输入密码"123456"并确认(见图 9-4)，然后单击【确定】按钮。

图 9-3　【高级】选项卡　　　　　　　　　图 9-4　输入密码并确认

(14) 在【压缩文件名和参数】对话框中单击【确定】按钮即可加密压缩文件。

如果一个文件比较大，不方便移动与传送，那么可以将它分卷压缩。首先复制更多的文件到"D:\我的文件"文件夹中，使其超过 2 MB，然后进行分卷压缩。

(15) 在"D:\我的文件"文件夹上单击鼠标右键，从弹出的快捷菜单中选择【添加到压缩文件】命令，弹出【压缩文件名和参数】对话框。

(16) 从【压缩为分卷，大小】下拉列表中选择分割后的文件大小，也可以直接输入自定义大小，如输入 1 MB(见图 9-5)。

(17) 单击【确定】按钮，开始分卷压缩。压缩完成后，在同一个文件夹下可以看到生成的多个压缩包(见图 9-6)。

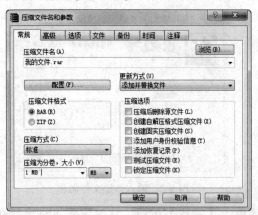

图 9-5　设置压缩分卷大小　　　　　　图 9-6　生成的分卷压缩包

使用 WinRAR 压缩文件时，可以将文件压缩为可执行文件，这样不管用户是否安装了 WinRAR 程序，都可以将压缩文件解压出来。下面继续练习如何创建能够自解压的压缩文件。

(18) 在"D:\我的文件"文件夹上单击鼠标右键，从弹出的快捷菜单中选择【添加到压缩文件】命令，在【压缩文件名和参数】对话框中勾选【创建自解压格式压缩文件】选项(见图 9-7)。

(19) 单击【确定】按钮，即可生成自释放压缩文件。它的图标与普通压缩文件的图标略有不同，可以通过图标判定压缩文件的格式(见图 9-8)。

图 9-7　【压缩文件名和参数】对话框　　　　　图 9-8　两种压缩文件的图标

(20) 在普通压缩文件"我的文件.rar"上单击鼠标右键,从弹出的快捷菜单中选择【解压到当前文件夹】命令,则可以快速地将压缩文件解压到同一个文件夹下。

(21) 经过加密的压缩文件,在解压过程中会弹出【输入密码】对话框(见图 9-9),这时必须正确输入密码才能解压。

(22) 分卷压缩文件进行解压时的操作方法与前述方法类似,但不能缺少任何一个分卷,否则不能完成解压缩。当缺少分卷时会出现如图 9-10 所示的提示。

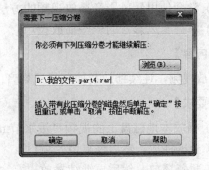

图 9-9 【输入密码】对话框 　　　　　　图 9-10 缺少分卷时出现的提示

(23) 对具有可执行文件的压缩包进行解压时的操作最简单,直接双击该压缩包即可自动解压。

【自主评价】

(1) 通过这个实训学会的技能: _____

_____

(2) 在这个实训中遇到的问题: _____

_____

(3) 我对这个实训的一些想法: _____

_____

【教师评价】

评　语	成　绩

实训二　播放与控制视频

【实训目的】

(1) 学会使用暴风影音播放视频的方法。

(2) 掌握暴风影音的一些播放技巧。

【实训内容】

播放视频，连续播放及控制暴风影音的窗口。

【实训要求】

(1) 播放本地磁盘上的视频"泼水节.mpg"。

① 全屏播放，然后恢复原始窗口。

② 暂停播放，然后再继续播放。

③ 关闭播放列表。

④ 截取其中的一幅画面，将其保存到"D:\学号-姓名"文件夹中，命名为"视频截图.jpg"。

(2) 调整播放画面的效果。

① 设置画面风格为"柔和"。

② 使画面翻转播放。

③ 始终使播放画面置顶。

(3) 将"泼水节.mpg"转换为"泼水节.mp4"。

【实训步骤】

(1) 确保已经安装了暴风影音，双击桌面上的暴风影音快捷图标。

(2) 在【暴风影音】窗口中单击"暴风影音"右侧的三角形箭头，在打开的下拉菜单中选择【文件】/【打开文件】命令，打开"泼水节.mpg"文件。这时播放器将自动播放"泼水节.mpg"视频文件。

(3) 在暴风影音的播放控制栏中单击■按钮，全屏播放视频。

小贴士

暴风影音的版本不同，按钮的外观与位置可能不同，本实训中使用的是暴风影音 5。如果机房计算机中的暴风影音不是该版本，则根据软件的特点操作即可。

(4) 按 Esc 键，播放窗口恢复为原始大小。

(5) 在暴风影音的播放控制栏中单击 ❚❚ 按钮，暂停播放视频文件，同时该按钮变为 ▶ 按钮。

(6) 在播放控制栏中单击 ▶ 按钮，继续播放视频。

(7) 在播放控制栏中单击 📇 按钮，打开或关闭播放列表。

(8) 按 Ctrl + F5 键，截取一幅画面，并打开【截图工具】对话框，设置【保存路径】为 "D:\学号-姓名" 文件夹，【文件名称】为 "视频截图"，格式为 "JPG"，如图 9-11 所示。

图 9-11　【截图工具】对话框

(9) 单击【保存】按钮，保存截图。

(10) 播放视频时将光标指向画面，在画面上方的一排按钮中单击【画】按钮，在打开的【画质调节】对话框中单击【柔和】按钮，设置画面风格为 "柔和"（见图 9-12）。

图 9-12　设置画面风格为 "柔和"

(11) 在【画质调节】对话框中单击【翻转】右侧的 180°↕ 按钮，使画面翻转播放，再次单击该按钮，画面翻转为正常状态。

(12) 在视频画面中单击鼠标右键，从弹出的快捷菜单中选择【置顶显示】/【始终】命令，使播放画面始终置顶显示。

(13) 在视频画面中单击鼠标右键，从弹出的快捷菜单中选择【视频转码/截取】/【格式转换】命令，弹出【输出格式】对话框；在【输出类型】列表中选择"MP4 播放器"，在【品牌型号】列表中选择"MP4 通用配置"(见图 9-13)。

(14) 单击【确定】按钮，关闭【输出格式】对话框，打开【暴风转码】对话框，设置【输出目录】为"D:\学号-姓名"文件夹(见图 9-14)。

图 9-13　【输出格式】对话框　　　　图 9-14　【暴风转码】对话框

(15) 单击【开始】按钮，则将"泼水节.mpg"转换为"泼水节.mp4"。

(16) 关闭【暴风转码】对话框。

【自主评价】

(1) 通过这个实训学会的技能：＿＿＿＿＿＿＿＿＿＿＿＿＿＿＿＿＿＿＿

＿＿＿＿＿＿＿＿＿＿＿＿＿＿＿＿＿＿＿＿＿＿＿＿＿＿＿＿＿＿＿＿＿＿＿

(2) 在这个实训中遇到的问题：＿＿＿＿＿＿＿＿＿＿＿＿＿＿＿＿＿＿＿＿

＿＿＿＿＿＿＿＿＿＿＿＿＿＿＿＿＿＿＿＿＿＿＿＿＿＿＿＿＿＿＿＿＿＿＿

(3) 我对这个实训的一些想法：＿＿＿＿＿＿＿＿＿＿＿＿＿＿＿＿＿＿＿＿

＿＿＿＿＿＿＿＿＿＿＿＿＿＿＿＿＿＿＿＿＿＿＿＿＿＿＿＿＿＿＿＿＿＿＿

【教师评价】

评　语	成　绩

实训三　使用 ACDSee

【实训目的】

(1) 熟悉 ACDSee 的工作界面。

(2) 掌握使用 ACDSee 浏览图像及编辑图像的方法。

(3) 掌握 ACDSee 中重命名图像的方法。

(4) 熟悉图像格式的转换方法。

(5) 掌握在 ACDSee 中进行其他批处理操作的方法。

【实训内容】

(1) 使用 ACDSee 浏览图片。

(2) 使用 ACDSee 编辑图片。

(3) 使用 ACDSee 对图片进行批量处理。

【实训要求】

(1) 打开"D:\素材"文件夹，浏览其中的图片。

① 在 ACDSee QuickView 窗口中查看每一幅图片。

② 在 ACDSee Photoshop Manager 窗口中查看每一幅图片，并打开胶片窗格。

③ 将"T01.jpg"图片以 100%比例显示。

④ 将"T01.jpg"图片以适合窗口大小显示。

(2) 对图片进行编辑。

① 将"T01.jpg"图片利用曲线调亮，并另存为"TA01.jpg"。

② 对"T02.jpg"图片添加特殊效果中的油画效果，并另存为"TA02.jpg"。

③ 对"T03.jpg"图片添加一个邮票效果的锯齿边框，并另存为"TA03.jpg"。

④ 对"T04.jpg"图片调整色彩平衡，并另存为"TA04.jpg"。

(3) 对图片进行批量处理。

① 将"T01.jpg"～"T04.jpg"图片文件批量调整大小，并将修改后的图片放置到 D 盘下。

② 将"T01.jpg"～"T04.jpg"图片文件批量转换为 PNG 格式，并将修改后的图片放置到 D 盘下。

③ 将"T01.jpg"～"T04.jpg"图片文件批量重命名。

【实训步骤】

(1) 打开【计算机】窗口，在 D 盘中打开"素材"文件夹。

(2) 双击其中的图片，在打开的 ACDSee QuickView 窗口中浏览图片。单击窗口左上角的 ▶ 按钮或 ◀ 按钮，依次查看每一幅图片。

(3) 单击 ACDSee QuickView 窗口右上方的【管理】选项卡，切换到 ACDSee 的管理视图。

(4) 在内容窗格中双击图片，在打开的 ACDSee Photoshop Manager 窗口中查看图片；单击窗口下方的【下一个】按钮或【上一个】按钮，依次查看每一幅图片。

(5) 单击 ACDSee Photoshop Manager 窗口右下角的小三角形按钮，打开胶片窗格；单击窗格中的小图片，在窗口中查看大图片。

(6) 在胶片窗格中单击"T01.jpg"图片，可在查看窗口中显示该图片(见图 9-15)。单击胶片窗格右上方的小三角形按钮，关闭胶片窗格。

图 9-15　查看图片

(7) 在窗口的右下方拖动显示比例滑块至 100%，或者打开显示比例下拉列表，在列表中选择"100%"，则图片以 100%比例显示。

(8) 在窗口的右下角单击【适合图像】按钮，则"T01.jpg"图片以适合窗口大小显示。

(9) 单击窗口右上方的【编辑】选项卡，切换到 ACDSee 的编辑视图。在左侧的编辑工具中展开"曝光/照明"组，然后单击其中的【色调曲线】工具，切换到【色调曲线】参数面板；将光标指向曲线，按住并向上拖动鼠标，可将图片调亮，调整到合适亮度后释放鼠标(见图 9-16)。

图 9-16　将照片调亮

(10) 单击【完成】按钮，关闭【色调曲线】参数面板；单击【保存】按钮，在打开的菜单中选择【另存为】命令，在打开的【图像另存为】对话框中将图片另存为"TA01.jpg"，位置为"D:\学号-姓名"文件夹。

(11) 单击窗口右下方的【下一个】按钮，在弹出的【保存更改】对话框中单击【放弃】按钮，在窗口中显示"T02.jpg"图片。

(12) 在编辑工具中展开"添加"组，然后单击其中的【特殊效果】工具；再展开"绘画"组，单击其中的【油画】选项，这时在参数面板中可以设置油画的各项参数(见图9-17)。

图 9-17 设置油画的各项参数

(13) 单击【完成】按钮，再单击【保存】按钮，将调整后的图片另存为"TA02.jpg"，位置为"D:\学号-姓名"文件夹。

(14) 参照前述操作步骤，在窗口中显示"T03.jpg"图片。

(15) 在编辑工具中展开"添加"组，然后单击【边框】工具；在"边框"组中选择【颜色】选项，设置颜色为白色；在"边缘"组中选择【不规则】选项，打开右侧的列表，选择"edge08"边框，效果如图9-18所示。

图 9-18 添加邮票边框

(16) 单击【完成】按钮，再单击【保存】按钮，将调整后的图片另存为"TA03.jpg"，位置为"D:\学号-姓名"文件夹。

(17) 参照前述操作步骤，在窗口中显示"T04.jpg"图片。

(18) 在编辑工具中展开"颜色"组，然后单击【色彩平衡】工具，在【色彩平衡】参数面板中调整合适的参数(见图 9-19)。

图 9-19　【色彩平衡】参数面板

(19) 单击【完成】按钮，再单击【保存】按钮，将调整后的图片另存为"TA04.jpg"，位置为"D:\学号-姓名"文件夹。

(20) 单击【管理】选项卡，切换到 ACDSee 的管理视图，按住 Shift 键的同时选择 "T01.jpg"～"T04.jpg"图片。

(21) 在选择的图片上单击鼠标右键，在弹出的快捷菜单中选择【批处理】/【调整大小】命令，打开【批量调整图像大小】对话框，重新设置图像大小(见图 9-20)。

(22) 单击【选项】按钮，打开【选项】对话框，选择【将修改后的图像放入以下文件夹】选项，然后单击其下方的 ⊠ 按钮，指定文件夹为 D 盘(见图 9-21)。

图 9-20　【批量调整图像大小】对话框

图 9-21　【选项】对话框

(23) 单击【确定】按钮，再单击【开始调整大小】按钮，则所选图片将统一调整大小；

调整完成后，单击【完成】按钮。

(24) 确保"T01.jpg"～"T04.jpg"图片处于选择状态，执行菜单栏中的【工具】/【批处理】/【转换文件格式】命令，在弹出的【批量转换文件格式】对话框中选择要转换的目标格式"PNG"（见图 9-22）。

(25) 单击【下一步】按钮，在对话框的下一页中设置输出选项，并设置输出位置为 D 盘(见图 9-23)。

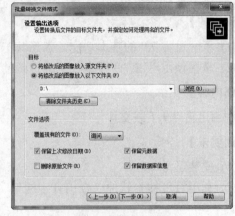

图 9-22　【批量转换文件格式】对话框　　　　图 9-23　设置输出选项

(26) 单击【下一步】按钮，在对话框的下一页中直接单击【开始转换】按钮，将图像转换为指定的格式。

(27) 确保"T01.jpg"～"T04.jpg"图片处于选择状态，单击鼠标右键，在弹出的快捷菜单中选择【重命名】命令，打开【批量重命名】对话框；在【模板】选项卡的【模板】文本框中输入文件名"练习图片##"，单击【开始重命名】按钮，将图片批量重命名。

【自主评价】

(1) 通过这个实训学会的技能：_____

_____

(2) 在这个实训中遇到的问题：_____

_____

(3) 我对这个实训的一些想法：_____

_____

【教师评价】

评　语	成　绩

实训四　使用迅雷 7.9

【实训目的】

(1) 了解迅雷 7.9 的基本功能，熟悉其工作窗口。

(2) 掌握使用迅雷 7.9 搜索、下载资源的方法。

【实训内容】

利用迅雷 7.9 下载文件。

【实训要求】

(1) 安装迅雷 7.9。

(2) 利用百度搜索软件"金山打字通"，并利用迅雷将其下载到"D:\姓名-学号"文件夹中。

(3) 利用迅雷搜索电影"卧虎藏龙"，选择一个能够下载的资源进行下载，并将其保存到"D:\姓名-学号"文件夹中。

(4) 分别执行暂停、启动、删除下载任务等操作，并进行观察。

【实训步骤】

(1) 检查计算机上是否安装了"迅雷 7.9"，如果已经安装，则直接进入步骤(2)。如果没有安装，则按下述步骤进行安装。

① 打开 IE 浏览器，在地址栏中输入"http://dl.xunlei.com"，进入迅雷软件中心网站。

② 在网页中单击横幅广告栏中的【立即下载】按钮，下载"迅雷 7.9"安装包(见图 9-24)。另外，也可以在下载列表中单击"迅雷 7.9"下方的【下载】按钮。

图 9-24　下载"迅雷 7.9"安装包

③ 双击下载的"迅雷 7.9"安装包，在【安装向导】对话框中单击【接受】按钮。

④ 在弹出的下一个页面中选择迅雷安装程序实现的附加任务，并选择安装路径，单击

【下一步】按钮，这时系统开始进行安装。

⑤ 安装结束后，在弹出的对话框中单击【完成】按钮，结束安装。

(2) 启动 IE 浏览器并打开百度(http://www.baidu.com)首页，在页面中间的搜索框中输入关键字"金山打字通"，然后单击【百度一下】按钮或按回车键确认，这时网页中将列出搜索结果。

(3) 在【官方下载】按钮上单击鼠标右键，在弹出的快捷菜单中选择【使用迅雷下载】命令(见图 9-25)。

(4) 在弹出的【新建任务】对话框中单击【存储路径】右侧的 📁 按钮，指定下载文件的保存位置为"D:\姓名-学号"文件夹，单击【立即下载】按钮开始下载。这时将自动打开"迅雷 7.9"下载界面，并开始下载金山打字通软件。另外，有一些下载网站还提供了专门的迅雷或网际快车(也是一种下载软件)下载通道(见图 9-26)，直接单击【迅雷下载】即可。

图 9-25 执行【使用迅雷下载】命令　　　　图 9-26 网站提供的下载通道

(5) 在"迅雷 7.9"下载界面右侧的快速搜索文本框中输入关键字"卧虎藏龙"，并按回车键，这时在【迅雷搜索】选项卡中将显示最新的搜索结果(见图 9-27)。

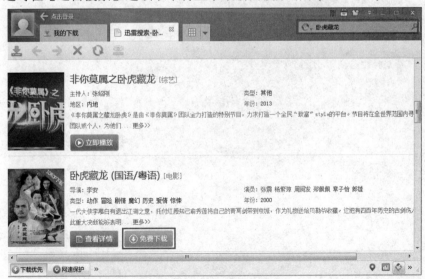

图 9-27 最新的搜索结果

(6) 找到合适的资料后单击【免费下载】按钮，在弹出的【新建任务】对话框中单击【存储路径】右侧的 📁 按钮，指定下载文件的保存位置为"D:\姓名-学号"文件夹，单击

【立即下载】按钮开始下载。

(7) 在下载列表中选择要控制的下载任务，单击 ▮▮ 按钮，暂停下载进程。

(8) 再单击 ▶ 按钮，则在上一次的基础上继续下载。

(9) 单击 ✖ 按钮，删除下载任务。

【自主评价】

(1) 通过这个实训学会的技能：_____

_____

(2) 在这个实训中遇到的问题：_____

_____

(3) 我对这个实训的一些想法：_____

_____

【教师评价】

评　语	成　绩

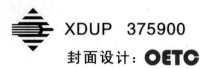

XDUP 375900

封面设计：OETC

ISBN 978-7-5606-3467-8

9 787560 634678 >

定价：18.00元

高等学校公共基础课"十二五"规划教材
国家职业技能鉴定考试培训用书

计算机文化基础实训指导

（Windows 7+Office 2010）

孙　斌　主编

陕西开放软件技术研究所　　　组编

西安开放软件职业技能鉴定站

西安电子科技大学出版社
http://www.xduph.com